油气田开采与管道工程

夏玉磊　康　翔　李　鹏　主编

汕头大学出版社

图书在版编目（CIP）数据

油气田开采与管道工程 / 夏玉磊，康翔，李鹏主编.

汕头 ： 汕头大学出版社，2024. 7. -- ISBN 978-7-5658-5364-7

Ⅰ. TE3；TE973

中国国家版本馆CIP数据核字第2024A7T028号

油气田开采与管道工程
YOUQITIAN KAICAI YU GUANDAO GONGCHENG

主　　编：夏玉磊　康　翔　李　鹏

责任编辑：黄洁玲

责任技编：黄东生

封面设计：周书意

出版发行：汕头大学出版社

　　　　　广东省汕头市大学路 243 号汕头大学校园内　邮政编码：515063

电　　话：0754-82904613

印　　刷：廊坊市海涛印刷有限公司

开　　本：710mm×1000mm　1/16

印　　张：10.75

字　　数：185千字

版　　次：2024 年 7 月第 1 版

印　　次：2024 年 8 月第 1 次印刷

定　　价：58.00 元

ISBN 978-7-5658-5364-7

前　言
PREFACE

　　油气田开发设计是针对既定目标油藏，按照一定的开发程序、开采方法将石油与天然气经济有效地采出地面的工程设计。油气田开发设计是油气田经济、高效、长期稳产的基础，合理的开发设计可以延长油气田开采寿命，达到经济效益和社会效益的最大化。

　　常规油气资源经过百年勘探开发，大型简单优质资源越来越少。随着世界经济的飞速发展，对能源的需求日益增加，非常规油气资源已逐步成为新的储量增长点。与常规油气资源勘探开发相比，非常规油气的成藏机理、渗流特征、赋存状态、开发理论、设计理念、生产规律、配套技术、油藏管理方面均存在很大的差别，传统的开发理念、技术已经无法满足新增油气资源开发形势的需要。通过技术上的不断创新和努力，世界非常规油气开发技术逐渐成熟，非常规油气已经成为引领能源发展的重要力量之一。

　　采气工程是在气藏开发地质和气藏工程研究的基础上，以气井生产系统为手段，着重研究不同类型气藏在井筒中的流动规律，并在科学合理地利用天然气能量的原则下，采用最优化的采气工程方案与相应的配套系列工艺技术措施，把埋藏在地下的天然气资源最经济、安全、有效地开采出来，以实现气田长期高产、稳产，获得较高的经济采收率。因此，采气工程是实现气田开发指标、完成天然气生产任务的工程技术保证，在气田开发领域中起着重要的作用。它是以流体力学、气田开发与开采原理为基础，广泛应用现代数学及工程分析方法，研究科学、合理开发气田配套工艺技术的一项庞大而复杂的综合性系统工程。

　　近年来，在中国近海勘探开发过程中，海上低品位油气资源也已成为新的储量增长点。尽管这些资源的油气藏条件比非常规油气相对优越，但由于海洋环境带来的高投资、高风险等不利因素，不可能简单模仿陆上低品位资源的开发模式。因此，亟待从开发模式和配套技术上做新的探索和突破。

本书围绕"油气田开采与管道工程"这一主题，以油气田开发与开采为切入点，由浅入深地阐述了油气田的开发过程、合理设计和制定油气田开发方案、常用的采油方法等，并系统地论述了采气工艺方法、页岩油气压裂新技术等内容。同时，本书还针对油气长输管道安全技术研究，全方面诠释了管道工程的主题。本书内容详实、条理清晰、逻辑合理，兼具理论性与实践性，适用于从事相关工作与研究的专业人员。

限于时间和水平，书中难免存在错误和不足之处，欢迎广大读者批评指正。

目　录

CONTENTS

第一章 油气田开发与开采

第一节 油气藏物理性质基础

一、油气藏物性基本参数

(一) 孔隙度

油气水是在储层岩石的空隙 (储集空间) 中储集和流动的。空隙的大小用总孔隙体积表示，包括孔隙、溶洞、裂缝的体积。岩石总孔隙体积的大小直接反映储层储集流体的能力。

单位体积岩石中的总孔隙体积则称为孔隙度，它是评价岩石储集能力相对大小的基本参数。在油田生产中，只有相互连通的孔隙才具有实际意义，相互连通的孔隙的体积称为有效孔隙体积，因此常用有效孔隙度评价储层的实际储集能力。一般油气开采涉及的孔隙度均指有效孔隙度。

有效孔隙度是指有效孔隙体积与岩石总体积的比值，其值以百分数表示。不同岩石类型的储层孔隙度存在较大的差异，砂岩储集层的孔隙度一般在 5% ~ 25% 之间，碳酸盐岩储集层的孔隙度一般小于 5%。

(二) 含油 (气) 饱和度

油气储层中的流体，常常并不是单一的原油或天然气，常常是油水、气水或油气水三相共存，因此常用储层中流体的饱和度表示某相流体在储集空间中所占的比例。如储层含油饱和度是指储层岩石孔隙中油的体积与岩石孔隙体积的比值，常用百分数表示。如储层含油饱和度为 60%，表示储集空间中只有 60% 是原油，其他 40% 可能是水或 / 和气。

储层含油饱和度越高，表示单位孔隙体积中的原油数量越多。若储集空间被几种流体充满，则这些流体的总饱和度之和等于 1，即流体的总体积等于孔隙体积。

含油（气）饱和度对原油（气）储量的大小有很大影响。其他条件相同时，储层含油气饱和度越高，油气储量越大，储层存储的油气越多。油气储层中含油气饱和度一般都小于1，常常分布在50%～80%范围，这与油气藏的成因有关。储存油气的沉积岩形成之后，其储集空间常先被水充满。油气生成之后，从生油层运移到储油气层，包括了一个油气驱水的过程。在油气藏逐步形成的过程中，原来储存水的空间被油气占据，但是由于储集空间的复杂性和孔喉细小，油气很难占据储层的所有空间。因此，除被油气占据之外，储集空间中还会残留一部分水，这种水一般称为束缚水。储层束缚水所占孔隙体积的百分数称为储层的束缚水饱和度。

（三）渗透率

储层流体（油、气、水）在一定的压差下，在储层岩石孔隙空间中的流动，称为渗流（也叫渗透）。流体在储层中的流动规律一般认为符合达西定律，即对于100%充满某种流体的储层岩心，当岩心的断面和长度一定时，通过岩心断面的流体流量与岩石两端压力之差成正比，而与通过的流体黏度成反比。

渗透率直接反映了储层岩石在一定压差下允许流体（油、气、水）通过的能力，或直接反映了岩石的渗透性。渗透率的数值愈大，储集层的渗透性愈好，油气越容易流过。

储层渗透率的大小对油田的生产能力影响很大。渗透率高的可能成为高产油气藏（田），而渗透率低的多数成为低产油气藏（田）。根据储层渗透率大小可对储层进行分类，我国东部油区的大部分储层为中高渗储层，而西部的长庆和延长油区的储层均属于低渗透、特低渗储层，甚至超低渗储层。孔隙度、渗透率、含油（气）饱和度是评价油气藏性质的最基本参数。

二、地层压力与温度

油气藏的温度和压力直接影响油气藏中流体的性质及油藏能量的大小，对油气产量有直接影响。

（一）地层压力

地层压力是指油气层中某一点的流体（油、气、水）所承受的压力，又称油气藏压力或油气层压力。

地层压力来源于静水柱压力。静水柱压力的产生是由于当初油气在烃源层生成之后，在水柱压力及其他一些力作用下发生运移，运移到地质圈闭后形成油气藏，同时油气藏中的流体承受着静水柱压力。

油气藏在钻井开采之前，地层压力处于平衡状态，其中流体所承受的压力称为原始地层压力。原始地层压力的高低与油气层埋藏深度有直接关系。一般来说，油气层埋藏越深，压力越高。油气层深度每增加100米，压力近似增加1兆帕（MPa）。

地层压力系数是指某一深度的原始油气层压力与同深度的静水柱压力之比。油气层压力系数为1左右（0.8~1.2）的称为压力正常油气藏，大于1.2的称为高压异常油气藏，低于0.8的称为低压油气藏。油气层压力系数在一个侧面也反映了油气藏能量的大小——压力系数越高，油气藏的能量越大。

随着开采时间的延长，油气藏自身的能量会慢慢消耗，压力会逐渐下降；但是油气藏各点的压力下降程度不一样，生产井的井底和井筒周围的油气层压力下降幅度最大，而油气层深处的压力下降相对较小。

（二）油气藏温度

油气藏温度是指地层中某一点的流体（油、气、水）温度。油气层的埋藏深度从几百米到几千米，从地质上讲，这一深度属于地热增温带，油层温度受地热影响。随着油气层埋藏深度的增加，油气层温度有规律地增加。

地温梯度指地层深度每增加100m，地层温度增高的度数。一般来说，平均每加深33m，地层温度增加1℃。但是由于各含油气盆地的地质特征和岩性不同，各地区油气田地温梯度也不相同。

油藏温度与油田生产有直接关系。如井底附近温度下降较大，有可能造成地层或井底结蜡，油层被堵塞，影响生产。对一些黏度高、产量低的稠油油田，可以通过向油层注入高温蒸汽的办法提高地下原油的温度，降低原油的黏度，从而提高油井产量。

三、油气藏流体的性质

(一) 原油的高压物性

地下原油一般处在较高的压力、温度条件下。将地下原油在此条件下的物理性质统称为原油的高压物性，或称为地层原油的 PVT 性质。反映地层原油高压物性的主要参数有原油的黏度、气油比、饱和压力、体积系数等。

地层原油的黏度是反映地层原油流动能力的重要指标。地层原油黏度由于地下温度高，且溶解有一定的烃类气体，一般明显低于地面原油黏度。地层原油与地面原油相比最大的特点是在油层压力、温度下溶有大量烃类气体。通常把在某一压力、温度下的地下含气原油，采样到地面标准状态下 (20℃，1 个大气压) 进行脱气后，得到 1m³ 原油时所分离出的气量，称为该压力、温度下的地层原油溶解气油比。

地层原油的饱和压力，又称为泡点压力，是指在一定的温度下，地层原油中的溶解气在压力下降过程中从原油中开始脱出、形成第一批气泡时的压力。当油层压力下降并低于饱和压力时，原油会由单相状态变成油气两相状态；低于饱和压力的程度越大，原油脱气越严重，则原油黏度急剧增加，导致原油向井流动能力大大下降，油井产量大大减少。

地层原油的体积系数为原油在地下的体积 (即地层油体积) 与其在地面脱气后的体积之比，原油的体积系数一般都大于 1。地层原油的弹性大小通常用压缩系数表示。压缩系数是指等温条件下发生单位压力变化时，单位体积原油的体积变化值，常用 C_0 表示。地层原油的等温压缩系数一般为 $(10 \sim 140) \times 10^{-4} MPa^{-1}$，地面脱气原油的等温压缩系数一般为 $(4 \sim 7) \times 10^{-4} MPa^{-1}$。

地层原油中的溶解气越多，地层原油的气油比、饱和压力和压缩系数越大。

(二) 天然气的高压物性

地下的天然气同样也具有高压物性，又称为地下天然气的 PVT 性质。反映地下天然气高压物性的主要参数有压缩系数、体积系数等。

天然气处于地下高温、高压状态时，其行为常常偏离理想气体，此时常常采用压缩因子进行修正。压缩因子的物理意义是指在相同的压力和温度下，实际气体所占有的体积与理想气体所占有的体积之比，常用 Z 表示。当 Z 等于 1 时，实际气体相当于理想气体；当 Z 大于 1 时，实际气体较理想气体难以压缩；当 Z 小于 1 时，实际气体较理想气体易于压缩。

天然气的体积系数表示天然气在气藏条件下所占有的体积与同等数量的气体在标准状态下所占有的体积之比，其数值永远小于 1。

(三) 地层水的组成和分类

这里的地层水是指储集在油气藏中的水。地层水与油气组成一个统一的流体系统，它们以不同的形式与油气共存于油气藏的空隙之中。油气的生成、运移、聚集都是在地层水存在的情况下进行的，因此研究油气藏的地层水可以了解油气藏的形成条件，同时地层水在油气藏分布和性质对油气开采也有重要影响。

1. 地层水的组成

地层水的化学组成实质上是指溶于地层水中溶质的化学组成。地层水的化学组成按离子类型可划分为阳离子和阴离子两种类型。其中，含量较多的有以下几种离子：

阳离子：Na^+（钠）、K^+（钾）、Ca^{2+}（钙）、Mg^{2+}（镁）、Fe^{3+}（铁）、Fe^{2+}（铁）。

阴离子：Cl^-（氯根）、SO_4^{2-}（硫酸根）、CO_3^{2-}（碳酸根）、HCO_3^-（重碳酸根）。

在地层水的离子中，以 Cl^- 和 Na^+ 含量最多，SO_4^{2-} 很少。所以，地层水中氯化钠（NaCl）含量最高，其次为碳酸钠（Na_2CO_3）和重碳酸钠（$NaHCO_3$）、氯化镁（$MgCl_2$）和氯化钙（$CaCl_2$）等。为了表示油气田地层水中含盐量的多少，常以油气层水中的各种离子、分子盐类的总含量表示，称为地层水的矿化度，单位为 mg/L。

2. 地层水的分类

从油气藏的生产实践发现，同一油气藏的不同油气层，或者同一油气层的不同构造部位，地层水的成分变化很大。这是因为水的化学成分的形成取决于它们所处的环境。这里主要按照成因来表述油气层水的类型，一些主要盐类的组合可以反映出地层水形成的地质环境。

地层水主要有以下几种类型：

（1）硫酸钠（Na_2CO_3）水型：开启型。这种水型代表着大陆环境，是环境封闭性差的反映，不利于油气聚集保存。

（2）重碳酸钠（$NaHCO_3$）水型：还原氧化型。这种水型的水 pH 值常大于 8，为碱性水。我国油、气田水属于这种水型的很多，其储层多是陆相淡水潮湿的湖盆沉积，是含油气的良好标志。

（3）氯化镁（$MgCl_2$）水型：氧化还原型。这种水型的典型代表是海水，生成于海洋环境，说明油层与地面不连通，封闭条件好。很多情况下，$MgCl_2$ 水型存在于油气田内部。

（4）氯化钙（$CaCl_2$）水型：还原封闭型。在完全封闭的地质环境中，地层水与地表完全隔离不发生水的交替，这与油气聚集所要求的环境相同，是含油气的良好标志。

四、油气藏的驱动方式

油气藏驱动方式，也称驱动类型，是指开发油气藏时，驱使油气流向井底的主要能量来源（即动力来源）和能量作用方式。油气藏中存在着各种天然驱动能量，这些能量在开采过程中驱使油气流向井底，并举升到地面。根据天然能量的来源和作用方式，油气藏中主要包括 5 种驱动方式及驱油动力。

（一）水压驱动

当油气藏与外部的水体相连通时，油气藏开采后由于压力下降，使其周围水体中的水流入油气藏进行补给，这就是天然水压驱动，简称为天然水驱。天然水压驱动分为刚性水压驱动和弹性水驱两种。

1. 刚性水压驱动

油气藏中驱使油气流动的动力主要来源于有充足供水能力的边水或底水的水头压力，这种驱动方式称为刚性水压驱动，也称为边水或底水驱动。

当供水区水源充足，供水露头与油层之间高差大，油气层连通好，渗透性高，油气藏开采时，油井自喷时间长，油气层压力、产油气量、气油比都能保持稳定。国内已经投入开发的油气藏属于这种驱动类型的较少。

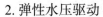

2. 弹性水压驱动

油气藏驱油动力主要依靠与油气藏含油气部分相连通的广大水体的弹性膨胀，这种驱动方式称为弹性水压驱动。

它形成的条件主要是地面没有供水露头或供水区与油气层之间连通性差，而含水区的面积比含油气区的面积要大得多。水体在原始地层压力下处于受压缩状态，当油气开采时，油气层压力首先在井底附近降低，再逐渐传到油气层内部，直到油水（气水）边界处的水体。油气层水的压力降低，释放出弹性能量。水的体积膨胀使油气藏的容积缩小，从而补偿了部分油气层压力，使水体的弹性膨胀成为主要驱油气动力。

（二）气顶驱动

油藏驱油动力主要依靠油藏气顶中压缩天然气的弹性膨胀力，这种驱动方式称为气顶驱动。气顶是指积聚在油藏圈闭高处的天然气。

气顶驱动通常出现在构造比较完整、地层倾角大、有气顶、油层渗透率高、原油黏度小的油藏中。

（三）弹性驱动

油气藏驱油动力主要来源于油气藏本身岩石和流体的弹性膨胀力，这种驱动方式称为弹性驱动。当油气层压力降低时，岩石和流体发生弹性膨胀作用，把相应体积的油气驱入井底。

（四）溶解气驱动

油藏的驱油动力主要来源于原油中溶解气的膨胀。当油层压力下降时，天然气从原油中逸出，形成气泡，依靠气泡的膨胀将原油驱向井底，这种驱动方式称为溶解气驱。

（五）重力驱动

油藏的驱油动力主要靠原油自身的重力，由油层流向井底，这种驱动方式称为重力驱动。重力驱动通常出现在油田开采的后期，因为此时其他天然驱动能量都已枯竭，重力就成为主要驱油动力。重力驱动一般出现在地层倾角陡、油层厚度大的油藏中。

总体来说，一个油气藏可能同时存在着两三种天然能量，同时起作用时称为综合驱动。但是，在不同的开发阶段，主要依靠的驱油气动力不同，油气藏的驱动方式是变化的。

在我国陆地及海上已经投产的油藏中，主要的天然驱动能量为弹性水压驱动、弹性驱动和溶解气驱，而刚性水压驱动和气压驱动的油藏很少，多数油藏的天然能量不足。气藏主要的天然驱动方式为弹性气驱，其次为弹性水压驱动。

除了天然驱动方式外，对于油田开采还有注水、注气等人工驱动方式；对于气田，则很少采用人工驱动方式，一般只采用天然驱动方式开采。

第二节　油气田的开发过程

一、油气田的开发过程

一个油田的正规开发过程一般要经历3个开发阶段，即开发前的准备、开发设计和投产、开发方案的调整和完善阶段。

(一) 开发前的准备

油田开发前的准备包括详探和开发试验等。在详探程度较高和地面建设条件比较有利的地区，要开辟生产试验区，就是用"解剖麻雀"的方法，在油田上选择一块具有代表性的地区，进行开发试验，取得经验，指导全油田的开发。生产试验区的开辟对于认识油气田起着很重要的作用，但它毕竟还是油气田上一个"点"的解剖。因此，除了开辟生产试验区外，还必须有目的地加密钻探，分区钻探开发资料井。

开发资料井的钻探部署，应以试验区为中心，由近而远，逐步扩大。通过分区开发资料井的钻探，将取得的成果与通过试验区对油层的典型解剖结果结合起来，由特殊到一般，又由一般到特殊的综合研究，就可以掌握新区内稳定分布的主力油层的变化趋势，核实油层参数，计算油田储量，为新区投入开发准备条件。

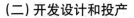

（二）开发设计和投产

开发设计和投产阶段主要包括油气层研究和评价，油气田开发方案的制定、部署和实施。在开辟试验区和加密钻探的基础上，选择一组具备独立开发条件的渗透率高、分布稳定的油气层为对象，首先将它们投入开发。这个阶段一般布置井距相对较大的稀井网，这套井网称为基础井网。井网是指一个油气田开发区内所有开发井在油田上的排列和分布，因其分布形态像网状，故称井网。

基础井网是开发区块的第一套井网，它的主要任务是探明构造情况，搞清各类油气层的性质（尤其是分布不稳定的油气层），掌握油、气、水的分布规律，了解油气井的生产能力，为全面开发取全、取准各种参数做好准备工作。

（三）开发方案的调整和完善

油气田开发实践表明，几乎没有一个油气田的开发部署是一次完成的，一般都经历了多次布井、多次调整的过程。随着开发的进行，对油气田地下油藏特性和分布会认识得越来越深入，因此原来的开发设计方案就需要不断地进行调整，这样才能不断改善开发效果，提高经济效益。油气田开发方案调整和完善是一项长期的油气藏管理工作，油气田开发调整的最终目的是提高油气田最终采收率。因此，油气田开发调整的原则是保证油气田开发的合理性，使油气田开发自始至终适合油气田中各油气藏的自然条件，即符合地层条件、岩性变化规律、构造特点和驱动类型等。油气田开发方案的调整完善的基础是建立在油气藏地质特征和油气田开发动态之上的。

油气田开发动态分析就是分析油气藏的压力、油气井流体的产量随时间的变化规律和特征，是了解油气藏随开采所发生的变化特征，认识油气水运动规律，进而指导油气田开发生产调整及未来产量预测的一项重要手段。在整个油气田开采过程中，采油管理单位从采油作业区、采油厂到油田公司研究院，层层都要搞动态分析。动态分析的主要负责部门是各级地质管理部门。

油气田开发调整方法很多，对于油田主要有以下 5 种方式。

1. 调整生产

调整生产一般采取控制生产和强化生产两种方式进行。控制生产，对采油井来说，是通过提高井底压力即以减少生产压差来降低油气井产量的办法进行。对油田注水井来说，是用限制注水量来实现的；对已经水淹或限制产量后含水上升的油井，采取关井停产、停注的办法来限制水舌的继续深入。强化生产就是在油井上用增大生产压差的办法，提高产油气量。对油田注水井则用提高注水强度来增加注水量。

2. 调整注采井

在油田开发过程中，如果发现原来布置的采油井或注水井不能发挥出应有的作用，或因开发动态变化达不到原设计的目的，则可将注水井转为采油井，或将采油井转为注水井。这种根据生产需要，调整油水井井别的过程就叫注采井调整。

3. 调整开采层位

调整开采层位指的是对油层进行封堵和打开新的油层，对油层进行选择性生产或注水的方法。

4. 调整开发井网

油田开发的中后期，主力油层采出程度已很高，进入了高含水期。那些非主力油层经过注水和一系列的改造性措施，逐渐发挥出较大的作用。但是，原来开发井网是按主力油层的地质特点来部署的，在油田的产能逐渐被非主力油层接替以后，原来的井网已不适合发挥较差油层作用的需要，此时调整开发井网已势在必行。调整开发井网是通过补钻新井来完成的。

5. 开采死油区

没有被驱替而留在油层里的油叫死油（也称为剩余油），储存死油的部位叫死油区。开采这部分油一般的方法有加密井驱油法、间隔注水法等。

应该指出，不论是依靠天然能量开采，还是注水开发，随着采油量和注水量的增加，油层内原油储量逐渐减少，水淹区域逐渐增大，使油井含水逐渐上升。一般情况下，如果不采取增产措施，油井产油能力会出现自然递减，产能逐渐下降。因此，油田开发调整是保证油田的稳产及可持续发展所必须进行的工作。

对于气田开发主要通过调整工作制度、调整生产层系及调整开发井网来完成。气田的开发同油田一样，开发调整是保证气田的稳产及可持续发展的主要途径。

二、油气田开发阶段的划分

在油气田开发过程中，各种工艺和技术经济指标都是呈一定阶段性的有规律的变化。根据这些变化，可以将油气田开发过程划分为不同的开发阶段，以便研究每个开发阶段主要开采对象和开发特点，并采取相应的工艺技术措施，提供每个阶段开发调整的建议和任务。

下面介绍几种常用的油田开发阶段的划分方法。

(一) 按产量划分开发阶段

任何油气田开发的全过程按其年产油气量的变化，大体上都可以划分为 3 个阶段：产量上升阶段、产量稳产阶段和产量递减阶段。

1. 产量上升阶段

一个油气田，根据开发方案的要求，随着生产井的完钻和地面建设工程的投产，油气田的生产能力逐步提高，油气田的产量迅速增加，达到方案指标的要求。

2. 产量稳产阶段

油气田全面投入开发以后，多数井都能按开发方案规定的产量生产，再加上采取一些增产挖潜措施，使油气田进入相对稳定的生产阶段。该阶段是油气田开发的主要阶段，它的长短取决于储层和流体的物性、油田的开发方式和开采速度，以及强化开采和开发调整的效果等因素。

3. 产量递减阶段

随着开发程度的加深，地下的剩余储量不断减少，能量不断消耗，到了一定时期，油气田产量必然会出现递减现象，此时油气田生产进入递减阶段。目前，我国东部绝大多数油田已进入产量递减阶段。产量递减快慢往往用自然递减率和综合递减率来衡量。

自然递减率是指在不包括新井产量、不采取各种增产措施增加产量的情况下，某一段时间内采油量减小的程度。综合递减率是指在不包括新井产量，但包括各种增产措施增加的产量时，某一段时间内采油量减小的程度。

对于注水开发的油田，由于已经进入中、高含水开发期，尽管不断采取措施提高油田的采液速度，但是由于含水率的上升速度很快以及某些水淹井的关闭，使油田产量很难保持稳定，它总是以某一速度下降。

在产量递减阶段，油田开发调整的主要目标是设法减小原油产量的递减速度，降低含水率的上升速度，延长油井的工作期限，提高油田的采出程度。其中，主要措施是考虑如何提高油田的采液速度和减少油田的产水量。这一阶段是油田开发的最长阶段，直至最后的经济合理界限而告终。

对不同油气田来说，各阶段开始出现的时间和采出油气量的多少是不同的。一般要尽量缩短第一阶段时间，提高高产稳产阶段产量和延长稳产期，以提高油气田开发效益。

(二) 按开采方法划分开发阶段

油田的开发，按开采方法不同可划分为 3 个开采阶段。

1. 第一阶段：一次采油阶段

一次采油技术是利用油藏本身所固有的天然能量开采原油的方法。油藏的天然能量有边水或底水能量、弹性能量、溶解气能量、气顶能量和重力能量。利用天然能量开采，随井数增加，产油量迅速上升并达到最高水平。随着天然能量的消耗，地层压力、产油量迅速下降，大多数油井停止自喷，改用抽油生产。

这一阶段可采出原油地质储量的 10% ~ 15%。其特点是投资较少、技术简单、利润高、采收率低。

2. 第二阶段：二次采油阶段

二次采油技术是指人工向油藏中注水或注气以补充或保持地层能量而增加采油量的方法。在一次采油过程中，油藏能量不断消耗，到依靠天然能量采油已不经济或无法保持一定采油速度时，就需要及时实施二次采油。二次采油技术可使地层压力回升，产量上升，并稳定在一定水平上。随产油井含水量增加，原油产量下降到很低水平。经过一次、二次采油，累计可采出原油地质储量的 20% ~ 40%。与一次采油相比，二次采油技术相对复杂得多，油田投资费用较高，但油井生产能力旺盛，经济效益仍然很高。

3. 第三阶段：三次采油阶段

三次采油技术是指针对一次、二次采油未能采出的剩余在油藏中的原油，向地层注入其他驱油剂（如化学剂、气体溶剂等）或引入其他能量（如化学能、生物能、热力学能等）来提高原油采收率的方法。三次采油利用其他各种驱油工作剂或能量提高驱油效率，扩大水淹体积，提高油田最终采收率。其特点是高技术、高投入、采收率较高，能获得较好的经济效益。

在一次、二次采油基础之上再经过三次采油，累计能够采出原油地质储量的 40% ~ 60%。当然，某些特殊类型的油田，在一次采油阶段之后直接就进入三次采油阶段，甚至当油田刚投入开发时就采用的是三次采油技术。如对一些稠油油藏，直接就采用热力采油技术进行开发。

（三）按油田综合含水划分开发阶段

油层在原始状态下就含有一定数量地层水，当投入开发时，油井就会产水。油井产出液量中产出水所占的质量分数称为含水率，亦叫含水百分数。一个油田全部采油井的含水高低常用综合含水率反映。综合含水率是指油田累积产水量与累积产液量的质量比值的百分数。综合含水率是进行油藏动态分析、注采井组对应分析的重要指标，它直接关系到油田采出每吨原油所需采出的液体量。

根据水驱油田综合含水率的变化可以将整个开发过程划分为 5 个阶段。

1. 无水采油期（综合含水率小于 2%）

从油田全面投产至综合含水 2% 时的一段开发时间叫无水采油期。这个时期的油田开发的特点是：大部分油井未见水，地层压力较高，油井生产能力旺盛，油田产量稳定上升。

当油田综合含水超过 2% 以后，一直开采到极限含水为止的时期则称为含水采油期。

2. 低含水采油期（含水率为 2% ~ 20%）

从无水采油期结束至综合含水 20% 以前的一段开发时间叫低含水采油期。这个时期注水全面见效，主力油层充分发挥作用，一般不会因为产水而显著影响油井的产油能力，油藏的稳产也不致受到威胁。同时，地层压力较高，见水层相对集中，工艺措施效果明显，含水上升速度较慢，油田产量达到最高水平。

3. 中含水采油期（含水率为 20% ~ 60%）

从低含水采油期结束至综合含水 60% 叫中含水采油期。这个时期大多数油井多层见水，主力油层进入高含水开采，经过各种增产及调整措施，中低渗透率油层充分发挥作用，含水上升速度加快，靠大幅度提高产液量维持稳产。在这一阶段，不管什么样的水驱油藏，正常情况下，含水率与采出程度关系曲线都表现为相同斜率的近似直线。采出程度是指一个油田开发至某一时间内累积采油量占可采地质储量的百分数。

4. 高含水采油期（含水率 60% ~ 90%）

综合含水在 60% ~ 90% 时为高含水采油期。这个时期大多数油井进入高含水采油，大部分油层水淹，剩余油分布零散，地下油水关系复杂，各种措施难以维持稳产，产量迅速递减，采用大排量采液手段，油藏生产才有可能保持相对稳定。但是，与前一阶段相比，水油比要大得多，注水量也需要大量增加，使原油成本上升。

5. 特高含水采油期（含水率大于 90%）

当含水大于 90% 时为特高含水采油期。这一阶段为水驱油藏开发晚期，进入水洗油的高难度阶段，往往借助三次采油技术开发。油田开发末期，含水上升速度减缓，产量降至最低水平，但下降缓慢。

在实际工作中，经常采用综合方法来划分开发阶段。

第三节　合理设计和制定油气田开发方案

油气田开发必须依据一定的设计来进行。油气田的开发方案是以油藏地质为基础，进行油气藏工程、钻井工程、采油气工程和地面建设工程四位一体的总体设计，以保证整个油气田开发系统的高效益。一个油气田可以用多个不同的开发方案进行开发，如何选择最佳的开发方案是方案编制者首先要解决的基本问题之一。在一定的经济技术条件下，最佳方案只能是一个，也就是所谓的合理开发方案。因此，在油田投入开发之前，必须制定一个合理的开发方案来指导油气田的开发。油气田开发方案涉及油气田开发的各个领域。一般来说，合理开发方案应符合下列要求：在油气田客观条件允许的前提下（指油气田储量和油气层及流体性质），确定合理的采油速度；最充分地利用天然资源，保证油气田的原油或天然气采收率最高；具有最好的经济效益；油气田稳产生产时间长，即长期高产稳产。

为了满足上述要求，在制定和选择开发方案时，应合理地划分开发层系、合理地部署井位（布井形式和井排距）、合理地制定油气井工作制度、合理地选择驱动方式、合理地确定钻采工艺和油气井增产措施，以及合理地确定油气地面处理、集输工艺和流程。

一、油藏描述

制定开发方案的第一步就是进行油藏描述。油藏描述是对油藏地质现象加以细致全面地描述，并从中做出正确的"成因—结果"解释，然后在此基础上对下一勘探开发阶段部署决策的油藏特征做出一定的预测。在油藏描述的基础上建立油藏的地质模型。

油藏描述的主要内容包括以下 8 个方面：

（1）油藏的构造特征。油藏的构造特征包括构造形态、面积、幅度、圈闭类型与断裂系统等。

（2）储层的性质。储层的性质包括储层的层系划分、岩性、沉积特征与非均质性。

（3）储集空间。储集空间包括储集空间类型、孔隙结构、孔隙度、渗透率等。

（4）储层流体性质。储层流体性质包括油水分布，油、气、水的地面和地下的物理化学性质。

（5）流体的渗流物理特性。流体的渗流物理特性包括岩石的表面润湿性、油水、油相对渗透率、毛管压力、水驱油效率、储层的水敏性、酸敏性、速敏性等。

（6）压力和温度。压力和温度包括地层压力、压力系数、地层温度和地温梯度。

（7）驱动能量和驱动类型。油田的开发方式（或驱动方式）直接影响着开采效果。正确认识和判断油藏驱动类型，就是为了充分利用天然能量，及时补充人工能量，以便更好地开发油田。

（8）油藏类型。根据描述的油藏地质特征，确定油藏类型。油藏类型的划分方法可以是多种多样的，主要取决于划分时所依据的油藏参数。例如，可以根据油藏储集层的岩石特性和结构把油藏分为砂岩油藏、灰岩油藏、砾岩油藏以及火山岩油藏等。根据流体分布特征可以分为边、底水油藏，气顶油藏以及气顶、边底水油藏；还有凝析气藏、纯气藏、底水气藏、带油环凝析气藏等。根据原油性质可以划分为挥发油油藏、中质油油藏、重（稠）油油藏以及超重油油藏等。总之，确定油藏类型主要看采用哪个参数作为划分标准。

综合以上8个方面的油藏描述结果，形成一个完整的地质概念模型，这就是定量化的三维地质模型。这个三维地质模型为计算地质储量、进行油藏工程研究和油藏数值模拟研究提供了基础。

二、计算原油地质储量和可采储量

（一）原油地质储量计算

原油地质储量可采用容积法进行粗略的计算。此外，还可以采用物质平衡法和其他方法来确定原油地质储量。

（二）原油可采储量

可采储量是指在现代技术和经济条件下能从储油层中采出的那一部分原油储量。原油可采储量不仅与油藏类型、储层及流体性质以及驱动类型等自然条件有关，而且与油田开发方式、采油工艺技术和生产管理水平等人为因素有密切关系。

埋藏在地层中的原油储量并不是全部都可以开采出来的，用采收率来衡量原油的采出效率。采收率是指在某一经济极限内，在现代工程技术条件下，从油藏原始地质储量中可以采出原油储量的百分数。

可采储量和原始地质储量、采收率之间的关系如下：可采储量＝原始地质储量 × 采收率。

从计算油田探明储量开始，就应当计算可采储量。随着对油田地质认识的不断深入，以及新的开采工艺技术的应用，在多数情况下采收率会随之提高，因此应该定期动态地计算可采储量。采收率是衡量油田开发水平高低的一个重要指标。采收率的高低取决于油藏本身的自然条件，例如地层压力、储层渗透率、原油性质等，也取决于人们采用的开采方法。

三、确定开发方式、井网系统，划分开发层系

(一) 开发方式

开发方式是指如何依靠天然能量或人工保持压力开发油田。开发方式包括驱动方式和注水方式。

原油需要在一定的能量驱动下，才能被开采出来。首先研究是否能利用天然能量开采，天然能量能开采到什么程度，什么时候实施人工驱动方式，如注水 (气) 开采。开发方式的选择主要取决于油田的地质条件和对采油速度的要求。主要的开发方式有利用天然能量开发、人工注水和注气开发，以及先利用天然能量后进行注水或注气开发等。

总之，在确定开发方式时，首先要搞清油藏的天然驱动类型，选择合理的驱动方式，做到既能充分利用天然能量，又要及时补充油藏能量，满足油田对产油量和稳产时间的要求。

(二) 井网系统

在确定开发方式的同时，要确定井网系统，即确定合理的井距和井网。

井距指邻近开发井 (生产井和注入井) 之间的距离。井网是指一个油田开发区内所有开发井 (生产井和注入井) 在油田上的排列和分布，因其分布形态像网状，故称井网。

确定井网、井距的主要依据是看该井网系统能否有效地控制和动用极大部分储量。通常油藏发育较好、主力油层连片分布、渗透率较高的油田可以采用较大的井距；而油藏岩性变化大、沉积不稳定、渗透率较低的油藏井距应该密一些，否则井网控制储量太低，就会严重影响最终采收率。另一方面，井网密度也受经济条件限制。井网过密，钻井数增加，油田建设费用增高，采油成本过高，就会影响油田开发的经济效益。

（三）划分开发层系

划分开发层系是指把特征相近的油层组合在一起并用一套开发系统进行单独开发。一般来说，一个独立的开发层系必须具备相当的厚度和储量、与其他层系不同的流体性质、压力系统，不同的油—气界面、油—水界面、气—水界面等。一个油田中往往有多套含油层系，如何划分开发这些含油层系，这是方案中需论证确定的又一个重要问题。

在储层性质、流体性质、压力系统、油气水界面等条件相近的情况下，可以采用一套井网开采两个和两个以上的层系，这样可以减少钻井数和地面建设费用，降低生产成本。但是，各方面条件差别很大的油层，若放在一起开采会降低最终采收率，降低开发效果。因此，开发层系的划分必须有充分的技术、经济论证。

四、确定压力系统、生产能力，计算开发指标

（一）压力系统

压力系统指的是一个油藏生产系统各个环节的压力组合。例如，注水开发的油藏的压力系统，指的是从注水泵站—配水间—注水井井口—注水井井底—采油井井底—计量站—集油站的各个节点压力的组合。

压力系统的研究十分重要，因为它直接与注水井的注入能力和生产井的生产能力有关。通过对整个压力系统的分析研究，可以确定油藏压力的保持水平，提出最优压力剖面作为确定合理生产压差的依据。

通常，注水泵站的注入压力越高，到注水井井口的压力就越高，注水井的井底压力也就越高，这有利于增加注水驱动压差；但是，另一方面，注水泵压越高，消耗的能量就越大，对注水泵的性能要求就越高，导致注水成本增加。因此，注水泵压的选择要根据油藏特性选择最优注入压力。

（二）生产压差和油井生产能力

油田现场常用的油层压力，有静压和流压两种。静压即当前的油层压力。流压是流动压力的简称，即油井正在生产时测得的井底压力。通常静压

大于流压, 二者之差即生产压差。在生产压差的作用下, 原油从油层流向井底。如果流压较高, 可将油从井底举升到地面。根据油藏特点确定合理生产压差是油田开发方案设计的重要环节。在油田开发不同阶段, 生产压差是不同的, 应该分阶段予以确定。开发方案中还必须根据试井、测试等资料确定油井生产能力。采油指数代表油井生产能力的大小, 它是指单位生产压差下油井的日产油量。

(三) 主要的开发指标

(1) 采油速度。它是表示油田开发快慢的一个指标。采油速度是指年产油量与油田可采地质储量的比值, 用百分数表示。

(2) 稳产年限。稳产年限又称稳产期, 指油田达到所要求的采油速度以后, 以不低于此采油速度生产的年限。

(3) 稳产期采收率。稳产期采收率是指稳产期内采出的总油量与原始地质储量之比, 以百分数表示。通常注水开发的砂岩油田在稳产期内要求采出原始地质储量的50%以上。稳产期采收率越高, 地下剩余地质储量越少, 这部分地下剩余地质储量开采难度越大。

五、开发年限与经济采收率的确定

开发年限是指油田从投产到开发终了所经历的时间 (年)。经济采收率指的是在经济指标允许范围内的油田原油采收率。

油田采出程度指在现有技术条件下, 累计采出原油与可采地质储量之比的百分数。油田的开发年限差别很大, 通常一个油田的主要开采阶段 (采出地质储量80%以上) 控制在 10 ~ 20 年较为合理。小油田有条件时也可以采用较高的开采速度, 而特大油田的主要开采阶段也可以延长到30年甚至更长一些。

根据计算的油田开发指标可以绘制开采曲线。开采曲线的主要内容如下:

(1) 注水井数、生产井数、含水率和年采油量、年注水量、年采液量随时间的变化曲线。

(2) 累积采油量、累积注水量、累积采液量随时间的变化曲线。

(3) 单井采油量、单井注水量、单井采液量随时间的变化曲线。

(4) 含水与采出程度关系曲线。

(5) 采油速度与采出程度关系曲线。

六、开发方案的优化

在编制地质、油藏工程设计的基础上，还要做好钻井工程、采油工程和地面建设工程设计。由于一个油田的开发方案可以采用不同的井网、井距、层系划分和开发方式，不同的工艺技术序列和地面生产系统，因此几个变数的排列组合可以形成几十个甚至几百个方案。为此，必须对各种技术经济方案遵循科学的程序进行优选，确定最优方案。

总之，油气田开发过程是一个长期反复实践和不断认识的过程，油气田开发方案的设计只是整个油田开发过程中的第一步，油田开发部署还必须在油气田开发过程中不断调整、完善。

第四节　油田注水开发

一个油田的天然能量即使非常充分，只依靠天然能量进行开发，往往采油速度低，同时油田采收率低、开发时间长。因此，常常需要补充人工能量进行高效开采。补充人工能量的方法主要有人工注水和注气。由于注水工艺过程比较简单，水源容易得到，水驱效率高及经济效益好，故常常使用人工注水方法进行油藏开发。为了弥补原油采出后造成的地层亏空，或者为了防止油层压力下降造成地层原油大量脱气，通过注水井将水注入油藏，保持或恢复甚至提高油层压力，使油藏有较强的驱动力，以提高油藏的开采速度和采收率，这就是油田的注水开发。在油田注水开发中，选择合适的注水时机、合适的注水速度、合适的注水方式和注水层位的对应性，对注水开发效果有直接影响，同时油田注水工程是油藏注够水、注好水的保证。

一、油田注水时机

何时进行人工注水开发，这也是需要解决的问题。注早了，没有充分利用天然能量，经济效益受到影响；注晚了，影响开发效果和最终采收率。不同类型的油田，在油田开发的不同阶段注水，对油田开发过程的影响是不同的，其开发结果也有较大的差异。目前，从注水时机上讲，有早期注水、晚期注水、中期注水和超前注水。

(一) 早期注水

早期注水的特点是在地层压力还没有降到饱和压力之前就及时进行注水，使地层压力始终保持在饱和压力以上。油井有较高的产能，有利于保持较长的自喷开采期。由于生产压差调整余地大，早期注水有利于保持较高的采油速度和实现较长的稳产期。但这种注水方式使油田投产初期注水工程投资较大，投资回收期较长。所以，早期注水方式不是对所有油田都是经济合理的，对原始地层压力较高而饱和压力较低的油田来说更是如此。

(二) 晚期注水

在溶解气驱之后注水，称晚期注水。晚期注水的特点是油田开发初期依靠天然能量开采，在没有能量补给的情况下，地层压力逐渐降到饱和压力以下，原油中的溶解气析出，油藏驱动方式转为溶解气驱，导致地下原油黏度增加，采油指数下降，产油量下降，气油比上升。如我国某油田，在地层压力降到饱和压力以下后，气油比由 $77m^3/t$ 上升到 $157m^3/t$，平均单井日产油由 10t 左右下降到 2t 左右。注水后，地层压力回升，但一般只是在低水平上保持稳定。由于大量溶解气已跑掉，在压力恢复后，也只有少量游离气重新溶解到原油中，溶解气油比不可能恢复到原始值，因此注水以后，采油指数不会有大的提高。由于油层中残留有残余气或游离气，注水后可能形成油、水两相或油、气、水三相流动，渗流过程变得更加复杂。这种方式的油田产量不可能保持稳产，自喷开采期短；原油黏度和含蜡量较高的油井还将由于脱气使原油具有结构力学性质，渗流条件更加恶化。

但这种方式初期生产投资少，原油成本低，对原油性质较好、面积不大且天然能量比较充足的中、小油田可以考虑采用。

(三) 中期注水

这种方式介于上述两种方式之间，即投产初期依靠天然能量开采，当地层压力下降到低于饱和压力后，在气油比上升至最大值之前注水。中期注水的特点是随着注水恢复压力，一种情形是地层压力恢复到一定程度，但仍然低于饱和压力，在地层压力稳定条件下，形成水驱混气油驱动方式；另一种情形就是通过注水逐步将地层压力恢复到饱和压力以上，但由于溶解气性质发生了变化，溶解气油比和原油性质都不可能恢复到初始情况，产能也将低于初始值。

中期注水的特点是初期投资少，经济效益好，也可能保持较长稳产期，并不影响最终采收率。对于地层压差较大、天然能量相对较大的油田，中期注水是比较适用的。

(四) 超前注水

超前注水是指油藏未投入开发前先期注水，提高油藏压力，然后再注水开发。长庆和延长油田的一些矿场实践表明，超前注水对于地层能量不足的低渗透油藏具有较好的开发效果。

然而，注水时机的选择是一个比较复杂的问题。选择注水时机既要考虑到油田开发初期的效果，又要考虑到油田中后期的效果，同时还要考虑油田最终采收率及完成国家下达的任务，因此必须在开发方案中进行全面的技术论证。我国大部分油田都是早期或中期注水开发。但如果从经济效益出发，适当地推迟注水时间，可以减少初期投资，缩短投资回收期，有利于扩大再生产，取得较好的经济效益。

二、油田注水方式

当采用注水保持油层压力的方法进行油藏开发时，就需要确定注水方式。注水方式是指注水井在油田上的分布位置及注水井与采油井之间的排列关系，又称注采系统。注水井的布置形式不同，注水方式也就不同。注水方式的选择直接影响油田的采油速度、稳产年限、水驱效果以及最终采收率。由于各个油田含油面积的大小、油层渗透率的高低和连通情况各不相同，因此需要根据油田各自的特点，选择适宜的注水方式。

从注水井在油田上的位置及注水井的排列方式来讲，注水方式可分为边缘注水、切割注水和面积注水3种形式。

(一) 边缘注水

边缘注水是指注水井分布在油田含油的边缘，采油井分布在含油边缘的内侧的注水方式。边缘注水又分为缘外注水、缘上注水和缘内注水3种。边缘注水适用条件是：油田面积不大，构造比较完整，油层分布稳定，油田边部与内部连通好，油层的流动系数 (油层有效渗透率 × 有效厚度 / 原油黏度) 较高，尤其是边缘地带油层有较好的吸水能力，保证注水压力有效地传递，使油田内部的采油井可以收到注水效果。

(二) 切割注水

切割注水是利用注水井排将油藏切割成若干区 (或块)，每个区块作为一个独立的开发单元进行注水开发。对于含油面积大、储量丰富、油层性质稳定的油田，利用注水井排将油藏切割成几个区块，按区块进行开发和调整。

切割注水适用的条件如下：

(1) 油层大面积分布，注水井排可以形成比较完整的切割水线，一个切割区内布置的采油井与注水井之间有较好的连通性；

(2) 在一定距离的切割区和一定距离的井排距内，注水驱油的能量能够比较好地传递到采油井排；

(3) 在开采过程中，油井的产量和切割区的采油速度都能达到规定的要求。

我国大庆油田含油面积大，油层延伸长，油层物性和原油性质较好，在20世纪60年代初期采用切割注水方式开采，开发效果良好。

(三) 面积注水

面积注水是指将注水井和油井按一定的几何形状和密度均匀地布置在整个油田上进行注水和采油。

当油层的渗透率较低、分布不稳定，非均质性比较严重，而又要求达到较高的采油速度时，就需要采用面积注水开发。面积注水以不同的注水井与采油井的比例，以及它们之间不同的相对位置和不同的井距，构成不同的布井方式和井网密度。布井方式是指在开发区块上布置采油井和注水井时井与井之间所构成的几何形状。井网密度是指每平方千米面积上所钻的采油井数，也可用每口井平均控制的面积来表示。

根据4种布井方式，面积注水又分为4种开发方式。

1. 线性注水

线性注水是指注水井以相等距离沿直线分布，采油井也以相等距离沿直线分布，一排注水井对应一排采油井，注采井排相互间隔且平行，采油井与注水井可以对应也可交错排列，又称排状注水和交错排状注水。

2. 三角井网注水

三角井网注水是以三角形几何形状进行注采井网的布置。常用的有四点法和七点法两种注水方式。

（1）四点法注水。四点法注水是指将注水井按一定的井距布置在等边三角形的顶点，采油布置在等边三角形的中心。每口采油井受三口注水井的水驱作用，每口注水井供给周围6口采油井的水驱能量。

（2）七点法注水。七点法注水是以正六边形的中心为注水井，6个顶点为采油井。这种井网由于水波及面积较大，而且注采井数也比较合理，所以一般为油田面积注水时采用。

3. 正方井网注水

正方井网注水是以正方形几何形状进行注采井网的布置。常用的有五点法和反九点法两种注水方式。

（1）五点法注水。五点法注水是指将注水井按一定的井距布置在正方形的顶点，采油井位于注水井所形成的正方形的中心。每口采油井受周围4口注水井的水驱作用，每口注水井又供给周围4口采油井的水驱能量。

（2）反九点法注水。反九点法注水是指将注水井按一定的井距布置在按正方形布井的8口采油井中心。每口采油井受周围2口注水井的水驱作用，每口注水井又供给周围8口采油井水驱能量。

4. 不规则点状注水

当油田面积小，油层分布又不规则，难于布置规则的面积注水井网时，可采用不规则的点状注水方式。例如，小断块油田，根据它的油层分布情况，选择合适的井作为注水井，使周围的几口采油井都到注水效果，达到提高油井产量的目的。

总之，采用哪一种面积注水方式，与油田的构造地质特征有密切联系。上述各种面积注水方式都在采用。但比较起来，五点法面积注水和反九点法面积注水采用较多。在井网布置和井网密度上，对于一些岩性变化较大的复杂油田，要有一定的灵活性，以便必要时进行井网调整。但井网调整必须进行可行性研究，并进行投入、产出经济效益分析，没有效益的调整是不能进行的。

对于海上油田的井网布置，通常的做法是：在开发前经过充分模拟和试验研究，最后把井网一次确定下来，在开采过程中只钻少数补充井或老井侧钻，这种做法对海上油田来说是最经济有效的。海上如果遇到复杂油田，可以分阶段进行开发。

三、注水工程

选择何种类型的水进行注入、如何将水注入地下，这是油田注水工程要解决的问题。油田注水工程包括水源、水质处理及注水工艺等方面。

(一) 水源及水质处理

1. 水源

油田注水所要求的水量很大，大致为注水油层孔隙体积的150%～170%。目前作为注水用的水源有以下3类：

(1) 淡水。淡水来源于地面江、河、湖、泉和地下水层淡水。

(2) 咸水。咸水主要是海水。

(3) 油田采出水。油田采出水即油田开采过程中产生的含有原油的水。

水源的选择应因地制宜，做好经济和技术论证后决定。

2. 水质处理

水质是指对注入水质量所规定的指标，包括注入水中的矿物盐、有机质和气体的构成与含量以及水中悬浮物含量与粒度分布等。它是储层对外来注入水适应程度的内在要求。

油田注入水的水质以不产生化学沉淀、不堵塞油层、不腐蚀设备和管线为原则。

注水引起油层伤害的主要原因是注入水与储层性质不配伍或配伍性不好、水质处理及注水工艺不当造成地层堵塞、储层孔隙结构损害，导致渗透率降低和阻力增加、油井产量降低。配伍性是指体系中各成分间或体系与环境间不发生影响其使用性能的化学变化和(或)相变化的性质。

为符合注入水水质的要求，一般对来自水源的水都要采取适当的处理措施，以达到油田注入水水质要求。具体的水质要求如下：

(1) 机械杂质含量不超过 2mg/L。

(2) 三价铁含量不超过 0.5mg/L。因为三价铁离子能与地层中的氢氧根离子生成不溶于水的氢氧化铁沉淀物，从而堵塞油层孔隙通道，降低地层的吸水能力。

(3) 不含细菌，特别是不能含有硫酸盐还原菌、铁细菌、腐生菌等，因为它们能大量腐蚀设备，而腐蚀产物堵塞油层孔隙通道。

(4) 含氧不超过 1mg/L，否则会造成金属设备腐蚀。

(5) 不含硫化氢。

(6) 二价铁含量不超过 10mg/L。

(7) 酸碱度 pH 值为 7 ~ 8。

(8) 不与地层水起化学反应生成沉淀物，不使黏土膨胀。

以上是注水水质的一般标准。如果需要注水的油层是一个低渗透层，则对注入水中的机械杂质含量要求更为严格。

目前，我国油田常用的水质处理措施有以下 4 种：

(1) 沉淀。用沉淀池 (或罐) 借助水中悬浮的固体颗粒的自身的重力而使其沉淀下来，除去悬浮物。

(2) 过滤。常用压力式滤池、无阀滤池或 / 和高分子材料膜来过滤很微小的悬浮物和大量的细菌。

(3) 杀菌。不论是污水还是清水，都要用杀菌剂杀菌。

(4) 脱氧。常用化学脱氧和真空脱氧减缓氧的氧化腐蚀。

对于油田采出水也有相应的水质处理方法和标准，与常规方法相比，主要表现在需要除去采出水中的油，含油量一般要小于 6mg/L。

(二) 注水站

注水站是向注水井供给注入水的场所。注水站的作用是将经过水质处理后合格的水源来水进行升压，以满足油田开发对注水压力及注水量的要求，使水能通过注水井注入油层中去。注水站的流程主要由水源合格来水管、贮水罐、高压注水泵、输水管组成，其中高压多级离心泵是注水站的最主要的设备。

(三) 配水间和注水井

注水站的高压水通过配水间的调节、控制、计量后流入注水井。

配水间是指接受注水站的来水，经控制、调节、计量分配到所辖注水井的操作间。配水间一般分为单井配水间和多井配水间，单井配水间用来控制和调节一口注水井的注入量；多井配水间一般可以控制调节 2～7 口的注水井的注水量，比较常用。

注水井是根据开发方案设计用于注水的开发井。注水井的日常管理主要是执行好配产配注方案，即按各井的配注水量注水，并及时分析各层吸水能力变化，找出原因，以便采取有效措施。为了注好水，减缓层间干扰，防止注入水单层突进，注水井通常采用分层注水工艺。

第五节　常用的采油方法

采油方法是指将流到井底的原油采到地面所采用的方法。依据采油能量的种类，采油方法分成两大类：一类是依靠油层本身的能量使原油喷到地面，称为自喷采油方法；另一类是需要借助外界的补充能量，将油采到地面的方法，称为人工举升或机械采油。

一、自喷采油

(一) 自喷井原油流动过程

自喷采油就是原油从井底举升到井口，从井口流到集油站，全部都是依靠油层自身的能量来完成的采油方法。自喷采油的能量来源是：井底油流所具有的压力，这个井底压力来源于油层压力；随同原油一起进入井底的溶解气所具有的弹性膨胀能量。就是这些能量把原油从井底连续不断地举升到地面。油井自喷生产一般要经过四种流动过程：油层渗流，即原油从油层流到井底的流动；井筒流动，即原油从井底沿着井筒上升到井口的流动；油嘴节流，即原油到井口之后通过油嘴的流动；地面管线流动，即原油沿着地面管线流到分离器、计量站。不论哪种流动过程，都是一个损耗地层能量或者说损耗油层压力的过程。四种流动过程压力损耗的情况因油藏而异，大致如下。

1. 油层渗流

当油井井底压力高于油藏饱和压力时，流体为单相流动（在油层中没有溶解气分离出来）。当井底压力低于饱和压力时，油层中有溶解气分离出来，在油井井底附近形成多相流动。井底流动压力可通过更换地面油嘴而改变——油嘴放大，井底压力下降，生产压差加大，油井产量增加。

多数情况下，油层渗流压力损耗（生产压差）占油层至井口分离器总压力损耗的 10% ~ 40%。

2. 井筒流动

自喷井井筒油管中的流动，一般都是油、气两相或油、气、水混合物，流动状态比较复杂；必须克服三相混合物在油管中流动的重力和摩擦力，才能把原油举升到井口，并继续沿地面管线流动。井筒的压力损耗最大，占总压力损耗的 40% ~ 60%。

3. 油嘴节流

油到达井口通过油嘴的压力损耗，与油嘴直径的大小有关，通常占总压力损耗的 5% ~ 20%。

4. 地面管线流动

压力损耗较小，占总压力损耗的 5% ~ 10%。

（二）自喷井结构

自喷井的结构可以分为两部分，地面部分主要是由若干个高压阀门连接起来的一套控制油井生产的装置。它有"主干"，有"枝杈"，人们给它起了个形象的名字，叫"采油树"。采油树通常固定在井口的套管上。在井筒内下有一根小直径（一般为62mm）的无缝钢管，下口对准油层顶部，油流即顺着钢管流向地面。这根钢管就叫油管。

采油树是控制油井生产的主要地面设备。它包括：套管闸门2个，与套管和油管之间环形空间连通；总闸门与油管头连接，井筒内的油管就悬挂在油管头上；生产闸门2个，与油管连通；清蜡闸门；压力表和油嘴套（内装控制出油量大小的油嘴）。一般情况下，井筒的油从油管上升到井口，通过生产闸门，经油嘴进入出油管线，流入计量站，通过油气分离器将油和天然气分开，然后利用流量计对油、气分别进行计量，原油进入储油大罐以备输运，天然气进入集输管线或储运或使用。这就是自喷采油工艺的最基本流程。

自喷采油，井口设备简单，操作方便，油井产量高，采油速度高，生产成本低，是最佳的采油方式。在管理上要保持合理的生产压差，施行有效的管理制度，尽可能地延长油井自喷期，以获得更多的自喷产量。

二、机械采油

机械采油主要包括气举采油、深井泵采油。根据深井泵的动力来源，深井泵采油方法又分为有杆泵采油（抽油机有杆泵采油、螺杆泵采油等）和无杆泵采油（潜油电动离心泵采油、水力活塞泵采油、射流泵采油等）。

国内外各油田应用最广泛的机械采油方法是游梁式抽油机有杆泵采油法。

（一）气举采油

气举采油就是当油井停喷以后，为了使油井能够继续出油，利用高压压缩机，人为地把天然气压入井下，使原油喷出地面的采油方法。

气举采油是基于U形管的原理，从油管与套管的环形空间，通过装在油管上的气举阀，将天然气连续不断地注入油管内，使油管内的液体与注入的高压天然气混合，降低液柱的密度，减少液柱对井底的回压，从而使油层与井底之间形成足够的生产压差，油层内的原油不断地流入井底，并被举升到地面。

气举采油时，一般在油管管柱上安装5~6个气举阀——从井下一定的深度开始，每隔一定距离安装一个气举阀，一直安装到接近井底。

气举采油的优点是：

(1) 在不停产的情况下，通过不断加深气举，使油井维持较高的产量。

(2) 在采用气举管柱情况下，可以把小直径的工具和仪器，通过气举管柱下入井内，进行油层补孔、生产测井和封堵底水等。

(3) 减少井下作业次数，降低生产成本。

气举采油的必备条件是：必须有单独的气层作为气源，或可靠的天然气供气管网供气；油田开发初期，要建设高压压缩机站和高压供气管线，一次性投资大。

(二) 抽油机有杆泵采油

抽油机有杆泵采油由地面抽油机、井下抽油杆和抽油泵3部分组成。根据结构特征，抽油机又分为游梁式、宽带式、链条式等。其中，游梁式抽油机有杆泵采油是目前国内外应用最广泛的机械采油方法。

游梁式抽油机有杆泵采油的工作原理是：由地面抽油机上的电动机 (或天然气发动机)，经过传动皮带，将高速旋转运动传递给减速箱减速后，再由曲柄连杆机构将旋转运动改变为游梁的上下运动，悬挂在驴头上的悬绳器连接抽油杆，并通过抽油杆带动井下抽油泵的柱塞做上下往复运动，从而把原油抽汲至地面。

抽油泵由工作筒、衬套、柱塞 (空心的)、装在柱塞上的排出阀和装在工作筒下端的吸入阀组成。抽油泵的工作原理如下：

(1) 当活塞上行时，排出阀在油管内的液柱作用下而关闭，并排出相当于活塞冲程长度的一段液体。与此同时，泵筒内的液柱压力降低，在油管与套管环形空间的液柱压力作用下，吸入阀打开，井内液体进入泵内，占据活塞所让出的空间。

（2）当活塞下行时，泵筒内的液柱受压缩，压力增高，当此压力等于环形空间液柱压力时，吸入阀靠自身重量而关闭。在活塞继续下行中，泵内压力继续升高，当泵内的压力超过油管内液柱压力时，泵内液柱即顶开排出阀并转入油管内。这样，在活塞不断上下运动过程中，吸入阀和排出阀也不断地交替关闭和打开，结果使油管内的液面不断上升，一直升到井口，排入地面出油管线。

如上所述，抽油泵的工作原理可简要概括为：当活塞上行时，吸液体入泵，排液体出泵；活塞下行时，泵筒内液体转移入油管内，不排液体出泵。在理想情况下，当抽油泵的充满状态良好时，上下冲程都出油；在不考虑液体运动的滞后现象时，从井口观察出油情况，应当是光杆上行时，排油量大，下行时排油量小，这一忽大忽小的排油现象，是随光杆的上下行程而变化的。

（三）螺杆泵采油

螺杆泵是利用螺杆相互间啮合空间容积的变化以输送液体的一种容积式泵。螺杆泵主要由定子和转子两部分组成，它是通过定子和转子之间的相对转动而实现抽汲功能的一种容积泵。按驱动装置的安装位置不同，螺杆泵可分为地面驱动螺杆泵和井下驱动螺杆泵两大类。

地面驱动螺杆泵采油的工作原理是：电机通过皮带将动力传递给减速器，通过减速器减速后，由减速器上的空心输出轴带动光杆、抽油杆和转子一同旋转，从而把油举升到地面。

螺杆泵其运动部件少，没有阀件和复杂的流道，吸入性能好，水力损失小，介质连续均匀吸入和排出，砂粒不易沉积，不易结蜡，不会产生气锁现象。同时，螺杆泵采油系统又具有结构简单、体积小、质量轻、耗能低、投资低，以及使用和安装、维修、保养方便等特点，在举升条件相同的情况下，与抽油机和电泵相比，一次性投资少、能耗低、适应性强。

（四）潜油电动离心泵采油

潜油电动离心泵采油与其他机械采油相比，具有排量大、扬程范围广、生产压差大、井下工作寿命长、地面工艺设备简单等特点。当油井单井日产油量（或产液量）在 100m³ 以上时，多数都采用潜油电动离心泵。在人工举升采油方法中，除了抽油泵之外，潜油电动离心泵是应用较多的采油设备。

1. 潜油电动离心泵的组成

潜油电动离心泵由三部分组成：井下部分、地面部分和联结井下与地面的中间部分。

（1）井下部分。井下部分是潜油电动离心泵的主要机组，它由多级离心泵、油气分离器、保护器和潜油电机四部分组成，是抽油主要设备。

（2）中间部分。中间部分由特殊结构的电缆和油管组成，将电流从地面输送到井下。电缆有圆电缆和扁电缆两种。在井下，圆电缆和油管固定在一起，扁电缆和泵、分离器、保护器固定在一起。采用扁电缆是为了减少机组外形的尺寸，并用钢带将电缆固定在油管、泵、分离器和保护器上。

潜油电动离心泵采油的工作原理是：由地面电源，通过变压器、控制屏和电缆，将电能输送给井下潜油电机，使潜油电机带动多级离心泵旋转，把原油举升到地面上来。

2. 多级离心泵工作原理

它的工作原理与地面离心泵一样，当电机带动轴上的叶轮高速旋转时，充满叶轮内的液体在离心力的作用下，从叶轮中心沿着叶片间的流道甩向叶轮的四周。液体受到叶片的作用，压力和速度同时增加，经过导壳的流道而被引向次一级的叶轮。这样，逐次地流过所有的叶轮和导壳，进一步使液体的压力能量增加。将每个叶轮逐级叠加之后，就获得一定扬程，将井下液体举升到地面。

3. 变频控制屏的应用

潜油电动离心泵由于受井筒直径的限制，在组装成型后，叶轮的结构形状和级数是不变的，它的特性只受转速的影响，而转速受频率的限制。变频控制屏可通过其中的变频器和微机系统来改变电源的频率（一般变频范围 30~90Hz），从而可以改变电动离心泵的排量。由于变频器的这一功能，目前已广泛用于油田生产。

总的来看，潜油电动离心泵采油在国内已占有重要地位，陆上油田潜油电动离心泵采油井数已占生产井总数的 8% 左右，产油量占总产量的 20%。海上油田除个别的采用气举采油外，绝大多数油田都采用潜油电动离心泵采油。

(五)水力活塞泵采油和射流泵采油

水力活塞泵采油是利用地面高压泵将动力液（水或油）泵入井内。井下泵是由一组成对的往复式柱塞组成，其中一个柱塞被动力液驱动，从而带动另一个柱塞将井内液体升举到地面。其优点是：扬程范围较大，起下泵操作简单。缺点是：地面泵站设备多、规模大，动力液计量误差未能完全解决。当油田开采到中高含水期时，动力液返回地面后，油水处理工作量加大。可以说，水力活塞泵采油是在一种特定条件下采用的方法。

射流泵的工艺流程与水力活塞泵基本相同，只是井下泵由喷嘴及喉管组成，动力液通过喷嘴转变为高速喷射流，与井内的液体混合，把能量加压到产出的液体上，并把它升举到地面。射流泵不足之处与水力活塞泵类似。

第六节　提高原油采收率技术

与勘探新油田不同，提高采收率问题自油田发现到开采结束，自始至终贯穿于整个开发过程，提高采收率是油田开采永恒的主题。这是因为与其他矿物资源的采收率相比，原油的采收率较低；同时，原油是一种不可再生资源，随着原油资源勘探程度的不断提高，发现新的地质储量的难度越来越大，而且还没有哪种能源能替代石油。据估计，按目前世界上所有油田现已探明的地质储量计算，如果世界上所有油田的采收率提高1%，就相当于增加全世界2~3年的原油消费量；如果中国大庆油田的采收率提高1%，就可增油5000万吨。因此，通过技术手段提高原油采收率具有重要意义。

一、主要方法简介

经过一次采油（利用天然能量开采原油）、二次采油（利用注水注气补充能量开采原油）之后，仅能采出地下原油总储量的35%左右；再经过三次采油（注入驱替剂或引入其他能量开采原油），原油采收率能达到40%~60%。但是，还有50%左右的原油留在地下而很难被开采出来。此时，地下油水关系、剩余油分布越来越复杂，储层和流体的非均质性更严重，采出难度更大；要将地层中的剩余油更多地开采出来，这就面临更大的技术难题。

提高原油采收率技术要求人们必须以更新的技术措施、以更强的力量来干预地下难以流动的剩余油，使它成为可以流动的油而被开采出来。提高采收率是一个综合性很强的学科领域，它不但是高新技术的高度集成，而且是学科领域的高度综合。提高原油采收率技术的应用，不仅受技术水平发展的制约，并且更大程度地受油价的制约。就技术而言，提高采收率的相关研究工作在石油工业中最为复杂，而且迄今没有一个全球通用的方法，因为地质条件和油藏特征等都有很大的差异。提高原油采收率，包括改善的二次采油技术（如井网优化技术、注水调整技术、特殊钻井技术、油层深部调剖技术等）和三次采油或 EOR 技术。下面仅对三次采油主要技术进行介绍。

(一) 化学驱

凡是以化学剂作为驱油介质，以改善地层流体的流动特性，改善驱油剂、原油、油藏孔隙之间的界面特性，提高原油开采效果与效益的所有采油方法统称为化学驱。

常见的化学驱方法有聚合物驱、表面活性剂驱、碱水驱以及化学复合驱（如表面活性剂—聚合物二元复合驱、碱—表面活性剂—聚合物三元复合驱等）。

(二) 气驱

凡是以气体作为主要驱油介质的采油方法统称为气驱。根据注入气体与地层原油的相态特性，气驱可分为气体混相驱与气体非混相驱两大类。

(三) 热力采油

凡是利用热量降低原油的黏度，以达到增大油藏驱动力和减小原油在油藏中的流动阻力的采油方法统称为热力采油。热力采油是稠油油藏提高采收率最为有效的方法。

根据油层中热量产生的方式，热力采油可分为热流体法、化学热法和物理热法三大类。热流体法是以在地面加热后的流体（如蒸汽、热水等）作为热载体注入油层，如注蒸汽采油、注热水采油；化学热法是通过在油层中发生的化学反应产生热量，如火烧油层、液相氧化等；物理热法是利用电、电磁波等物理场加热油层中原油的采油方法。

(四) 微生物

微生物采油是利用微生物及其代谢产物作用于油层及油层中的原油，改善原油的流动特性和物理化学特性，提高驱替波及体积和微观驱油效率的采油方法。

但是，由于驱替方式和驱替介质不同，各种提高采收率方法的机理、适应性都有很大差异。目前，三次采油技术发展的主要方向是各技术间相互结合使用，取长补短，发挥最大作用。

下面重点对注蒸汽采油、聚合物驱采油及微生物采油技术进行介绍。

二、注蒸汽采油技术

我国稠油资源十分丰富，遍布全国的许多油田。但由于稠油黏度高，无法用常规方法开采，影响了资源的充分利用。人们对开采稠油提出和试验了许多方法，但目前广泛应用的是注蒸汽采油法。注蒸汽采油法是指利用热蒸汽把热能带到油层中以提高地层原油的温度，降低原油黏度，增加地层原油的体积系数，使稠油能顺利地流到地面的采油方法。注蒸汽采油可分为蒸汽吞吐和蒸汽驱两个过程。当在一个油区内每口井都进行了蒸汽吞吐，地层压力下降到一定程度后，就可进行第二阶段蒸汽驱。

(一) 蒸汽吞吐

蒸汽吞吐是指向井内注入一定量蒸汽，焖井一定时间后，开井生产的采油方法。对油层进行周期性注蒸汽激励出油，这种方法每个周期包括3个步骤，即注汽、闷井、采油。

（1）注蒸汽。蒸汽发生器产生的高压蒸汽，通过高压汽管网从井口注入地层。周期注入量愈大，周期采收率愈高。一般第一个吞吐周期注入量为 $2000 \sim 3500 m^3$，以后每周期都要在原来的基础上增加10%。

（2）闷井。为使注入地层的热能更好地发挥作用，扩大加热半径，提高经济效益，在完成注汽后，往往要关井一段时间，让热能渗透得更远一些，

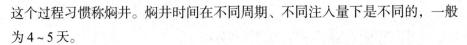

这个过程习惯称焖井。焖井时间在不同周期、不同注入量下是不同的，一般为 4 ~ 5 天。

（3）采油。吞吐采油和普通采油一样，有两种方法：自喷和机械采油，但吞吐采油有自己的一些特点。自喷采油大多在蒸汽吞吐的第一周期和注汽质量比较好的井，焖井后井口压力较高，可用原注汽管柱直接自喷生产。当自喷产量减少到一定值时，要及时改为机械采油。

（二）蒸汽驱

对整个油田所有的井都进行了几个周期的蒸汽吞吐后，地层压力有了一定程度的降低，就要进入蒸汽驱阶段了。蒸汽驱是指按照一定的注采井网，从注汽井注入蒸汽驱替原油而从生产井采出原油的采油方法。注蒸汽采油要向油层注入高压蒸汽，使热力推移过注采井之间的整个距离，将油层中的油驱赶到生产井中，利用蒸汽的热量达到提高采收率的目的，因而采油工艺上与普通井有所不同。

三、聚合物驱采油技术

聚合物驱油是目前我国使用最多的一种化学驱油技术。在该技术中，使用的聚合物是技术关键之一。聚合物是指由简单分子通过聚合反应生成的高分子化合物，目前驱油用聚合物主要是聚丙烯酰胺及其改性产品，相对分子量从几百万到两千万不等。

聚合物驱油过程是把水溶性聚合物加到注入水中，然后注入地层驱油。聚合物驱油提高原油采收率的主要机理是，聚合物加入注入水中可以提高注入水的黏度，提高了黏度的注入水注入地层，可以扩大注入水在油藏中的波及体积；同时，聚合物由于其固有的黏弹性，在流动过程中产生对油膜或油滴的拉伸作用，在一定程度上提高了微观洗油效率。聚合物驱在我国经过多年的矿场先导性试验，取得提高采收率 8% ~ 10% 的好效果，目前在胜利、大庆、大港等油田均已形成了一定规模的工业化生产能力，成为油田新的增储上产措施。

四、微生物采油技术

微生物是指形体微小、单细胞或个体结构较为简单的多细胞甚至没有细胞结构（病毒）的低等生物。

（一）微生物采油原理

自然界中一些微生物能够将原油中的一些成分作为食物，通过其新陈代谢产物等改变原油的性质，达到提高单井产量、提高采收率的目的。对微生物驱油机理，目前主要有以下两个方面的认识：

（1）微生物在地下的新陈代谢而产生的生物气和生物表面活性剂，能降低油水界面张力和原油的黏度，从而提高原油的流动能力，提高原油采收率。

（2）微生物在新陈代谢过程中产生的分解酶类能裂解重质烃和石蜡组分，改善原油在地层中的流动性能，减少石蜡在井眼附近的沉积，降低地层的流动阻力。

微生物采油技术是技术含量较高的一种提高采收率技术，不但包括微生物在油层中的生长、繁殖和代谢等生物化学过程，而且包括微生物菌体、微生物营养液、微生物代谢产物在油层中的运移，以及与岩石、油、气、水的相互作用引起的岩石、油、气、水物性的改变。深入研究其作用机理显得尤为重要。

（二）微生物采油特点

微生物采油操作简单，现场不需要大型设备，产出液不需要特殊处理，耗能低，不污染环境。

（三）微生物采油技术研究和应用情况

微生物采油的关键技术是适应地下油藏环境的微生物菌种的获得和培养。20世纪80年代，美国和苏联的微生物采油技术已进入工业性矿物试验阶段。我国对微生物采油技术的研究和应用始于20世纪90年代，在吉林、新疆、胜利、大庆等油田相继开展了研究和应用，取得了一定的成效。胜利油田在该领域的研究与应用居国内领先水平。

第七节　气田开发与开采

一、气藏的驱动方式

驱动气体产出的动力有气体弹性能量、地层水和岩石的弹性能量、水的静水压头等。由于天然气储集在岩石的孔隙中，本身具有压力，地层又往往含水，所以驱动天然气产出的动力不止一种。常见的驱动方式有气驱、弹性水驱。

(一) 气驱

驱动天然气产出的主要动力是气体的弹性能量 (或叫压能)。当气藏开采时，井底压力低于地层压力；在压差作用下，天然气的体积膨胀，释放出弹性能量，驱动气体产出。这种依靠气体弹性能量驱动天然气产出的气藏，称为气驱气藏。其主要特点如下：

(1) 气藏的容积在开采过程中不变。

(2) 气藏采收率高，一般在 90% 以上。

(3) 地层压力下降快，气藏稳产期短。

(二) 弹性水驱

驱动天然气产出的主要动力是气体的弹性能量和地层水的弹性能量，弹性水驱作用发生在具有边水或底水的气藏。

弹性水驱作用的强弱与地层水的体积大小和采气速度的高低有关。地层水的体积大，压力降低后水的体积膨胀也大，弹性水驱作用就强。地层水的体积小，压力降低后水的体积膨胀也小，弹性水驱作用就弱。采气时地层压力首先在井底附近降低，再逐渐传到地层内部，直到气水边界的水体，使水体的压力降低，释放出弹性能量。水体的体积膨胀，气藏的容积缩小，从而补偿了部分气藏压力，表现出弹性水驱作用。

采气速度对弹性水驱作用具有一定影响。如果采气速度大，气藏压力降低速度快，水体释放弹性能量的速度跟不上气藏压力降低的速度，则弹性水驱作用就弱；如果采气速度小，气藏压力降低速度慢，水体释放弹性能量的速度接近气藏压力的降低速度，则弹性水驱作用就强。弹性水驱气藏时，由于水对采气的干扰，例如水沿高渗透带或裂缝首先到达气井，造成气井水淹，使一部分气采不出来，因此采收率比气驱气藏低，一般为45%～70%。

二、气田开发

气田开发通常都采取消耗天然能量的方式进行开采，一直到能量枯竭为止。只有对储量规模较大的凝析气田，采取循环注气，保持压力，先采凝析油，然后再用消耗天然能量方式采气。气田开发的评价研究，以及开发方案的编制程序和方法，与油田开发的做法基本相似。由于天然气在地层压力下弹性能量较强，在储层中易于流动，以及采出地面后难于储存等特点，所以在气田开发上，除了要重视气田本身的评价研究外，还要把寻找天然气销售市场与气田开发联系在一起同步考虑，这一点是气田开发与油田开发的重大差别。

(一) 高部位布井、少井高产

由于天然气在地层中的流动能力较强，一般气井的井距为油井井距的2～3倍，例如一般油井井距为200～300m，而气井井距可能为600～900m；而且多数气田只在构造高部位布井，做到少井高产。

当然，布井要根据气田的具体情况。有些气田渗透率低、含气面积大、构造平缓，只靠少数气井不可能采出更多的天然气，在这样的条件下，应该采用适当的井距，合理地均匀布井，以便采出更多的天然气。

(二) 寻找市场、签订供气合同

寻找市场应与编制气田开发方案同步进行。当气田的储量、产气量和稳产年限确定之后，首要的问题就是寻找市场，与用户签订供气合同。签订供气合同往往要花费较多时间，有时双方要谈判1～2年，其中供气的稳定性和气价的合理性常常成为双方谈判的焦点。无论如何，只有找到了用户，签订了供气合同，才能对气田开发做出决策。

首先，需要确定供气合同内容。供气合同内容包括供气开始日期、日供气量、年供气量、稳定供气年限、天然气质量、每5年核算一次天然气剩余可采储量，以及气价计算方法等。合同对双方都有制约条款，任何一方如不严格执行合同，都要受到相应的违约处理。例如：如果供气一方已按合同规定将气田建成供气，而用户一方却不能按合同规定日期接收天然气，则用户应支付合同供气量一定比例（例如90%）的费用。也就是说，用户未接收天然气也得支付这一比例的天然气费用。另一方面，如果供气一方不能按时交气，那么未交付的天然气，在将来交气时，气价将按合同减少一定比例（例如15%）；如果交付的天然气质量不合格，气价也将按合同减少一定比例。

其次，需要核实天然气剩余可采储量。合同规定，每5年重新核实一次天然气剩余可采储量。如果核实的结果，剩余可采储量不能维持原来确定的稳产年限，则用户有权在合同规定的某个合同年重新确定稳产期的日供气量，直到合同结束。如果重新核实的剩余可采储量，按照合同规定的供气量可以大于20年，则用户有权在某个合同年适当延长合同期，延长年限由合同规定。

最后，再确定气价。确定气价是一个比较复杂的问题，国际上一般做法是：第一步，双方要确定一个交气地点的基础气价，而基础气价是以天然气的热值来计算的，即每百万英热单位多少钱。第二步，要确定现行气价，并形成一个气价计算公式。确定现行气价考虑的因素较多，各合同之间也不尽相同。举例来说，可以包括：以基础气价作为基础，参考上一年度国际上公布的有代表性的4~5种原油的平均价格，参考国家公布的消费价格指数，等等。把这几方面的因素结合起来，形成一个合理的现行气价计算公式，双方都遵守这个气价计算办法。

三、凝析气藏的开发

(一) 凝析气藏

凝析气藏是指因压力、温度下降，部分气相烃类反转凝析成液态烃的量不小于 $150g/m^3$ 的气藏。

凝析气藏与纯气藏有本质的不同。凝析气藏甲烷含量占85%，乙烷至丁烷的含量占8%，戊烷以上含量占7%。而纯气藏（或称干气藏）甲烷含量占95%以上，乙烷至丁烷含量小于5%，戊烷很少（0.3%以下）。

凝析气藏的特点是：在原始地层压力和温度下，地层的流体为气体，当地层压力和温度下降到一定数值时，液体烃（称为凝析油）从气体中凝析出来，这种现象称为反凝析现象。这些凝析出来的液体烃，吸附在岩石孔隙颗粒的表面上，不能再开采出来。因此，这部分有价值的凝析油将损失在地层中。根据资料分析，有些凝析气藏，由于反凝析而损失 50% 到 60% 可液化的碳氢化合物，因而大大降低了凝析气田的开采收益。

（二）凝析气藏开发

凝析气藏的开发分成以下两个阶段：

第一阶段：循环注气、保持压力。通过注气井向地层回注干气，在采气井采出富含凝析油的天然气，将采出的天然气经过分离、处理，将凝析油回收下来，然后再将干气回注到地层中去。这样，循环注入干气，一直到凝析油采收率达到 45% 左右。

第二阶段：采用能量消耗方式开采干气，使天然气的采收率达到 65% ~ 80%。

四、采气工艺

（一）选择合理的气井工作制度

天然气的开采，与自喷井采油相近，即地下的天然气在天然能量驱动下，从地层流到井底，再从井底到井口，再到地面的集气装置和管线，这样的开采过程直到天然气藏达到废弃压力为止。为了保证气田的长期稳产，获得较高的采收率，就要给气井选择一个合理的工作制度。现场常选择的工作制度有以下 5 种：

（1）定产量制度。

（2）定井壁压力梯度制度。井壁压力梯度是指天然气从地层内流到井底时，在紧靠井壁附近岩石单位长度上的压力降。定井壁压力制度就是在一定时间内保持这个压力不变。

（3）定生产压差（生产压差是常数）制度。天然气在地层中的流动是依靠地层压力与井底压力形成的压差而流动的，压差大小与产量有关。定压差制度就是在一定时间内，在合理压差下保持最大的采气量。

(4) 定井底渗滤速度制度。井底渗滤速度是指天然气从地层内流到井底，通过井底时的流动速度。定井底渗滤速度，就是在一定时间内保持渗滤速度不变。

(5) 定井底压力制度。地层压力一定时，井底压力与产量成反比；井底压力高，产量小；井底压力低，产量大。定井底压力制度就是在一定时间内保持井底压力不变。

(二) 气水同产井的开采

天然气在开采过程中，除气藏本身常伴生有凝析水外 (凝析水是指因气藏的温度、压力降低后，气藏中水蒸气因冷凝而成的水)，一般气田都有边、底水存在；到了气藏开采后期，由于底水上升或边水锥进，都可能使气井带水开采，使天然气开采增加复杂性。现有的采气方法有以下 3 种。

1. 控制临界流量采气

临界流量指地层水刚好侵入气井井底时的产量。当气井生产时，要防止井底积液，延长无水采气期，可以保持气井稳产，减缓递减，延缓增压采气时间，这样减少了地面处理地层水的设施。增加累积采气量，相应降低了采气成本。为了使地层水不浸入井底，保持无水采气，要求实际生产气量必须保持在无水临界压差以下。

2. 利用气井本身能量带水采气

有水气藏的气井到了开采的中后期，随着地层压力下降，气水界面上升，再采用控制临界流量的办法，将会影响气井的产量和采气速度，此时将把无水采气转变成带水采气。带水采气仍然依靠地层的自然能量，首先气要有一定的产量和压力，使气流速度达到带水要求；同时要求气水混合物从井底流到井口后，井口压力要大于输气压力，保证气体的输出。

3. 排水采气

气井积水会严重影响气井的产量，所以需要把气井中的水排出，以保证气井的正常生产。排水采气方法是含水气藏进入中后期以后行之有效的增产措施，目前常用的方法主要有以下 4 类：

(1) 机械排水采气。机械排水采气包括抽油机、电潜泵排水等。

(2) 化学排水采气。化学排水采气包括泡沫排水等。该方法主要是针对有一定生产能力、带水不好的气井，注入表面活性剂，产生泡沫，利用泡沫携水，使井恢复生产。

（3）气举排水采气。利用高压气源和气举阀进行连续气举、间隙气举及活塞气举等。

（4）小油管柱排水。更换小油管，利用气田本身能量排水，延长自喷期。

第二章 采气工艺方法

第一节 采气工程的内容和特点

采气工程指在天然气开采工程中有关完井、测试、试井及生产测井、增产措施、生产流程与方法、井下作业与修井、地面井场集输等系列工艺技术的总和。采气工程是以气藏工程成果为基础的复杂的系统工程，它针对天然气流入井筒后至进入输气管网之间的全部问题进行，重点是如何使气井的完井工艺和井筒内的生产工艺达到最优化，确保井筒内流体举升状态正常并顺利达到井口，维护气井的正常生产作业，确保气藏开发方案的实施。

一、采气工程的基本任务

采气工程的基本任务如下：

（1）针对气藏的地质特点和气井的特点，制定完井技术方案，形成配套的气井生产工艺技术和产能。

（2）对气井进行生产系统节点分析，优化采气工艺方式，优选生产管串结构，提高气井生产效率。

（3）推广、应用各种新技术、新装备，解决气田开发的工程技术问题。

（4）制定和完善采气工程方面的施工作业标准、规范，确保气田日常生产制度的落实和安全生产。

二、采气工程的特殊性

（一）地质条件的特殊性

（1）我国的气藏大部分位于古生界和中生界地层，埋深大多介于3000～5000米，井筒内的举升作业困难大，特别是当气井产水时。

（2）我国的气田普遍比较分散，天然气产出井口后仍然不易集中处理，导致井场和地面的流体分离、集输系统工作量大，生产效率受损。

（3）我国的气藏以低渗透、特低渗透类型为主，气井相对低压、低产，储层改造和气井增产作业难度大，并给天然气的举升带来不利影响。

（二）产水的危害性

采气和采油在开采方式和工艺上的差异，主要体现在水在开采过程中起的作用。水在油藏中是润湿相，可以作为推动力实施注水开发，但水在气藏中是减小天然气有效渗透率、降低气井产能、降低气藏采收率的主要因素，同时还严重降低了天然气在井筒中的举升能力，危害甚大。

（三）流体性质的高腐蚀性

部分气藏产出物具酸性特征，天然气中含有不同程度的酸性气体（如硫化氢、二氧化碳等），对气井的油、套管和设备具有腐蚀性，给采气工程作业及气井的生产配套装备提出了更为苛刻的要求。

（四）开采环境的高危性

天然气本身是易燃、易爆气体，加之其储存于高温、高压地层中，因此气田（气藏）的开发生产具有高度的危险性，对防井喷、防火、防毒和防爆的要求相当严格，显然增加了采气工程作业的难度。

三、采气工程的主要内容

采气工程的主要内容包括以下 5 个方面。

（一）勘探

采气工程的勘探是一项重要的工作，它通过地质勘探来确定天然气的储层位置、分布特征和性质。地质调查是其中的一项关键步骤，它通过对地质地貌、岩层构造以及沉积物特征的观察和研究，为后续的勘探工作提供重要的参考和依据。

地球物理勘探是采气工程勘探的另一个重要环节。它利用地球物理学原理和方法，如重力测量、磁力测量、电磁测量以及地震勘探等，来探测地下天然气的存在与分布。通过分析各种地球物理数据的变化和规律，可以识别出潜在的储层位置，进而制定更为准确和有效的勘探方案。

岩心采集也是采气工程勘探的重要手段之一。通过钻探地下岩石，并取得岩心样品进行分析，可以了解天然气的储存状态、岩石孔隙度、渗透率等关键参数。这些信息对于评估储层的潜力和可开发性至关重要，有助于制定合理的开采方案。

采气工程的勘探不仅仅是为了确定储层的位置和性质，还可以帮助了解储层的构造特征和成因机制，为后续的勘探设计和开发提供更全面的依据。此外，通过综合地质勘探结果和其他数据，还可以进行资源量评估，以及进一步的经济评价和风险分析，为投资者和决策者提供科学依据和参考。

(二) 钻井

在整个钻井过程中，需要进行井口施工、钻井设计和井控技术的精确操作，以确保井孔的稳定和安全。

(1) 井口施工是钻井工程中的第一步。在选定地点后，工程人员会进行地表平整化的处理，确保井口设施能够稳固地建立在地表上。必要时，还会进行土壤处理以增强井口结构的承载能力。此外，对于采气工程来说，因为存在高温和高压的情况，井口施工还需要考虑到防火和防爆措施，确保工人的安全。

(2) 钻井设计是整个采气工程中至关重要的一环。钻井设计的目标是确定最佳的钻井路径和井孔尺寸，以便高效地获取地下气体资源。设计中需要考虑到地层结构、地质条件和工程经济等因素，并根据这些因素制定出合理的钻井方案。

(3) 钻井设计还要考虑到井眼壁稳定的问题，避免井孔坍塌的情况发生。

(4) 井控技术是钻井过程中的关键环节。井控技术主要涉及井底压力的管理和控制，以确保钻井过程的安全和顺利进行。通过掌握井底压力的变化情况，工程人员可以采取相应的措施来控制井孔的稳定性，并防止井口喷发和井涌等事故的发生。井控技术也包括对井孔液体的密封和排放的管理，以保持钻井工作的正常进行。

(三) 采气设备

采气设备是采气工程中不可或缺的组成部分。它包括气田开发设备、抽采设备以及输送设备等。

(1) 气田开发设备是用于开发和勘探天然气藏的工具，包括钻井设备、地质勘探设备等。这些设备准确地确定气藏位置和规模，并为后续的抽采工作提供了基础数据。

(2) 抽采设备是将天然气从储层中提取出来的关键设备。常见的抽采设备包括抽油杆泵和抽水杆泵等。这些设备通过机械力或压力作用，将储层中的天然气推至地表。同时，为了提高采气效率和稳定性，还需要配备一些辅助设备，如水力压裂装置和人工举升设备等。

(3) 输送设备负责将提取出来的天然气通过管道输送至储气设施或加工设施。这些输送设备通常包括管道、阀门、压缩机和泵等。管道是天然气输送的重要通道，能够保证天然气顺利地从储层运输至目的地。而阀门、压缩机和泵等设备则能够调节和控制天然气的流量和压力，保障输送过程的安全和稳定。

(四) 管道输送

管道输送涵盖了从天然气的采集到最终输送至目的地或加工厂的全过程，包括管道设计、施工和检测等环节。

(1) 管道设计是采气工程中的关键一步。在设计阶段，需要考虑管道的长度、直径、材质等因素，以确保天然气能够高效地、安全地运输。此外，为了应对不同地质条件和环境要求，设计师还需要综合考虑管道的抗压能力、耐腐蚀性以及防止泄漏的措施等。

(2) 管道施工是实施采气工程的关键环节之一。在施工过程中，需要选用合适的施工方法和设备，如挖掘机、焊接设备等。同时，施工人员需要具备专业知识和技能，以确保管道的安全性和稳定性。施工过程中还需注意与当地社区和环境的协调，确保施工活动对当地居民和生态环境的影响最小化。

(3) 管道的检测是保障采气工程安全运行的重要环节。通过定期对管道

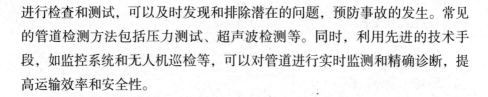

进行检查和测试，可以及时发现和排除潜在的问题，预防事故的发生。常见的管道检测方法包括压力测试、超声波检测等。同时，利用先进的技术手段，如监控系统和无人机巡检等，可以对管道进行实时监测和精确诊断，提高运输效率和安全性。

（五）储气

储气是采气工程的一个重要环节，它旨在将采集的天然气储存起来，以满足日益增长的能源需求。储气设施的建设和使用对于能源领域的可持续发展至关重要。在工程实施中，地下储气库和储气罐被广泛应用于气体储存的不同需求中。

地下储气库是一种将天然气储存在地下的设施，其优势在于能够有效地储存大量气体。地下储气库通常位于地下一定深度的油气田中，具有较大的储存容量和较高的储存密度。通过人工控制储气库的进出气口，可以根据能源需求的变化进行灵活调节和管理。

相比之下，储气罐是一种将天然气储存于地面的设备，广泛应用于工业和民用领域。储气罐一般采用钢制或混凝土建造，具有较小的储存容量，适用于中小规模的气体储存需求。储气罐可以根据需要进行布置，常常作为企业和居民的备用气源，确保能源供应的稳定性。

无论是地下储气库还是储气罐，其建设和维护都需要严格的技术规范和安全管理。工程人员在设计和施工过程中要考虑地质环境、储藏层特性和地下水的影响，以确保储气设施的可靠性和持久性。此外，定期的检测和维护也是确保储气设施安全运营的关键环节。

四、采气工程的特点

采气工程的特点包括以下4个方面：

（1）高技术含量。采气工程需要应用地质、地球物理、钻井、井眼设计等多个领域的技术，对工程师的技术水平要求较高。

（2）资金投入大。采气工程需要大量的资金用于勘探、钻井、设备采购等环节，因此对资金需求较高。

（3）风险性较大。天然气储层的开发存在一定的地质风险和环境风险，

对工程的安全风险也需要重视。

（4）周期长。采气工程的周期较长，包括勘探、开发、生产、输送等环节，需要耐心和长期投入。

第二节 气井完井方法和工艺

一、气井设备概述

气井生产流程主要包括地层内的流体流入井筒、从井底流到井口、从井口流出到井场3个过程。首先要建立一个井筒（钻井），再建立一个从产层进入井筒的通道（完井），而井口装置用于控制流体从气井中有序地流出。

（一）井身结构

井身结构是指井身的钻头尺寸和相应的套管尺寸及层次，井身结构设计是钻井设计的重要内容之一。

气井一般采用三级套管结构，由上至下依次是表层套管、技术套管和油（气）层套管。表层套管用以封隔上部松软地层和水层，防止垮塌，便于安装采气井口装置；技术套管用以分隔难以控制的复杂地层，确保顺利钻进；气层套管则是要把生产层段和其他层位封隔开来，在井底建立起一条产层流体进入井筒内部的通道，保证气井正常生产和其他作业。

（二）完井方法

完井是钻井钻进产层后如何建立井与产层之间关系的重要过程。最常用的完井方法是先期裸眼完成、尾管完成、射孔完成。

完井设计也是采气工程设计的重要内容之一。如何选择最合理的完井方法、保护产层不受污染，对气井产能大小有直接影响，这主要取决于气藏气层的地质情况、钻完井工艺技术和采气要求。

（三）井口设备

井口设备即采气井口装置，主要包括套管头、油管头和采气树。采气树在油管头以上，是由大小四通、高压闸门、高压针形阀组成的一套总装置，其作用是开关气井、控制气量大小、测量井的压力等。

（四）生产管串

气井的生产管串主要指油管。油管直径比气层套管更小，并安装在气层套管内，一般接近产层中部井深，形成油套管环形空间，天然气和地层水都通过油管流动到井口。因此，油管的大小设计是否优化很重要，特别是对排水采气井。

二、气井完井方式

根据气井井底结构以及打开气层的方法，气井的完井方式有敞开型、封闭型和防砂型 3 种类型。

（一）裸眼完井

裸眼完井包括先期裸眼完井和后期裸眼两种类型，其特点是用钻头直接钻开产层。这种完井方式的好处是产层打开程度高、水动力学意义上比较完善，有利于获取高产。缺点是容易出砂甚至垮塌，不利于压裂酸化等措施作业，不利于防止水锥水侵。先期裸眼完井是先下套管固井后再用钻头钻开产层，后期裸眼完井则是用钻头钻开产层后再下套管至产层上部位并固井。相对而言，先期裸眼的井控效果更好，且泥浆浸泡时间更短，有利于储层保护。

（二）射孔完井

钻开产层后将油层套管或尾管下至产层底部位置，固井，再下射孔枪、用射孔弹射穿套管或尾管、水泥环并深入地层。射孔完井的优点是：井壁牢固、不易垮塌，有利于酸化压裂施工，可以实施逐层测试和分层开采，比较经济。缺点是：泥浆浸泡时间长，产层污染相对较重，对测井、固井作业的质量要求高。

（三）防砂型完井方式

防砂型完井方法主要针对疏松砂岩地层采用，实际上就是前面两类完井方式与各种方法技术的结合，实际气田开发钻井中采用最多的是射孔完井方式。

第三节 气井井筒内的流动

一、井筒内的压力损失

流体从井底流到井口，首先要克服流体自身的重力。天然气的相对密度为 $0.6kg/m^3$，密度为 $0.7 \sim 0.8kg/m^3$。如果气井井深在 3000 米以上甚至更深，那么天然气的重力影响还是十分显著的。

流体从井底流到井口还要克服油管内摩擦阻力的影响。天然气在油管内高速流动，必然要产生摩擦阻力；管材内壁的粗糙度越高，管材半径越大，或气井产量越高，都会增大流动带来的摩擦阻力。长时期使用的油管存在结垢，将会加大摩擦阻力；如果是气液两相流动，那么流体的流态还会增加另一种形式的摩擦阻力。

此外，还有部分机械能转换为热能而造成不可逆的能量损失，但单相流动时不可逆损失主要是摩擦损失。流体气井内从井底到井口的流动服从物质守恒和能量平衡原理，据此可以建立起描述流体在油管、套管甚至环空内流动的"稳定流动能量方程"。

二、井底压力判断方法

井底压力是我们进行动态分析的重要参数，但测量井底压力相当麻烦，不如测量井口压力方便、安全。如何把测得的井口压力计算到井底位置呢？依靠管内流体流动的"稳定流动能量方程"可以做到。

在讨论井底压力计算方法前，首先要弄清静止压力、流动压力、单相流动和多相流动几个概念，并由此引出静气柱压力、动气柱压力、静液柱压力、动液柱压力等更多的概念。静气柱压力是指纯气井、油管内为单一气相、关井状态下的井底压力，动气柱压力则是指纯气井、开井状态下的井底压力，当气井产气液两相时就涉及液柱压力的计算。无论怎样，这几个不同概念的压力计算方法也完全不一样，其中静气柱压力计算方法最简单，也最常用。

关井一段时间后，气井油管内呈静止状态，此时气体不再流动，摩阻损失和动能损失都不存在，只有重力损失，稳定流动能量方程将省略两个大项，表现出最简单的形式。动气柱下井底压力的计算相对更复杂，在井筒内气液两相流动时的压力计算精确度不高。

三、气井井筒内流动的常见情况

气井井筒内的流动是指在天然气开采过程中，天然气在井筒内部的运动和流动情况。天然气在井筒内部的流动影响着气井的生产效率和操作安全，下面是一些关于气井井筒内流动的常见情况：

（1）上行气体流动。天然气从地层中通过沉积岩石裂缝、孔隙等途径进入井筒内部，并向井口方向流动。这种气体流动是气井生产的基本形式，对于气井的产气效率和产量有着重要影响。

（2）液体积聚和流动。在气井生产过程中，由于地层条件、气液比等因素，井筒内可能会存在一定量的液态物质，如水、凝析油等。这些液态物质会随着天然气一起进入井筒，同时会在井筒内积聚和流动，对气井的生产造成一定影响。

（3）气液两相流动。在某些情况下，天然气和液态物质会形成气液两相流动状态，即气体和液体同时存在且相互流动。气液两相流是气井中常见的一种流动形式，需要针对不同的气井情况采取相应的控制和调整措施，以确保井筒内的流动状态符合生产要求。

在气井井筒内的流动过程中，尤其需要采取井筒调整、防喷溢和排水处理等措施来控制和管理流体的运动。井筒调整是通过调节井筒内的压力、温度和流量等参数，保持井底压力在合理范围内，从而维持气井的稳定生产。防喷溢则是针对井筒内突然增加或减少的压力和流量情况，采取一系列措施来控制、减轻或阻止井喷事故的发生。排水处理则是通过将井筒内的液体和杂质排出，以保证流体在井筒内的顺畅流动。

同时，在控制和管理流体运动的过程中，对井筒内的流动情况进行监测和分析是非常重要的。监测可以通过安装传感器和检测装置等设备，实时获取井筒内的压力、温度、流量等信息。分析则是针对这些信息进行处理和研究，以便及时发现问题和异常情况，并采取相应的措施进行调整和处理。这种监测和分析的实践不仅有助于及时处置突发情况，还可以为优化气井的生产效率提供重要参考。通过对流动情况的监测和分析，可以发现生产过程中的瓶颈和问题，并据此进行优化和改进，以提高气井的生产能力和稳定性。

此外，对井筒内流动情况的监测和分析还可以帮助降低生产风险。通过实时监测井筒内的压力、温度和流量等参数，可以发现潜在的危险情况，从而及时采取安全措施。例如，通过监测井底压力的变化，可以判断是否存在井喷的风险，并及时采取相应的措施，如增加井口堵漏剂的注入量，保持井底压力的稳定。此外，通过对流体流动的监测和分析，还可以避免因流体过快或过慢而导致的流体积聚和井筒堵塞，从而防止生产过程中的意外事故发生。

第四节 气井生产系统分析

一、气井节点分析方法概述

气井的生产经历了天然气从地层岩石孔隙渗流到井底、完井段、井筒油管（从井底到井口）、气嘴、分离器、压缩机站、集输管线等数个环节，在采气工程研究中称之为气井生产系统。所谓"节点"是一个位置的概念。通过在气井生产系统中设置节点，可将系统划分成几个既相互独立又相互联系的部分。

一口气井的井身结构：至少可以设置出 6 个节点位置，独立地显示出天然气从地层流到地面分离器之间的 6 个主要生产环节，分别代表了地层内、射孔段、井底气嘴、井下安全阀、地面气嘴和管线内的压力损失情况。

由于天然气在经过各个环节时都有能量消耗，各个环节内的压力损失都可以通过相应的计算模型进行分析，并且相互之间也是存在联系的。将各个环节作为一个完整的压力系统来考虑，综合分析各个环节的压力、产率关系和能量损失，预测改变中间某个或某些环节的设计后气井产量的变化，才能实现对气井整个生产系统的模拟和分析。

在运用节点分析法解决工程问题时，通常集中分析系统中的某一个节点，一般叫作"解节点"。整个生产系统都可以被理解为由解节点的上游部分和下游部分组成，而对每一个解节点，都可以采用适当的模型进行计算、模拟和分析，进而对气井生产系统进行综合的分析。

利用节点分析法可以确定气井目前生产条件下的动态特征，设计出合理的气井油管直径大小、生产管柱结构和投产方式，优化气井配产，找出限制气井产量的原因和提高产量的方法，提出有针对性的改造措施或调整方案，确定气井由自喷转为人工举升的最佳时机。

二、气井生产动态曲线的应用

气井生产动态曲线由流入动态曲线（IPR 曲线）、流出动态曲线（OPR 曲线）和油管动态曲线共三条曲线组成。

（一）流入动态曲线

气井流入动态曲线反映了某口具体井在不同地层压力、不同井底流压下产气量的大小，实际上是一套曲线簇。流入动态曲线根据试井获得的气井生产方程式绘制而成（二项式、指数式均可），可反映出天然气在地层中的渗流特征和能力，与横轴的交点即为该井的绝对无阻流量。

（二）流出动态曲线

流出动态曲线是在流入动态曲线基础上结合气井动气柱方程计算而得，实际上是给定地层压力下的一套井口油压曲线簇（在不同的地层压力下）。它反映了地层压力一定时，不同产量下的井口压力特征。

（三）油管动态曲线

油管动态曲线实际上是当给定井口压力不变时，利用油管动气柱方法计算的一套井底流压的曲线簇。它反映了在给定井身结构和油管串条件下，一定量的天然气通过油管到井口所需的井底压力。

上述三条曲线簇综合在一起，就构成了气井的生产动态曲线。图上流入动态曲线与横轴的交点就为气井的绝对无阻流量，与纵轴的交点就为当时

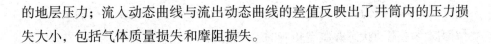

的地层压力；流入动态曲线与流出动态曲线的差值反映出了井筒内的压力损失大小，包括气体质量损失和摩阻损失。

（四）利用生产动态曲线合理配产和优选管柱

利用气井的生产动态曲线可以方便地确定在不同地层压力下的气井合理配产。如果绘制出不同油管直径下的流出动态曲线，就能够预测油管尺寸变化对产量的影响，进而优选出合理的油管串结构。一般来说，气井投产初期可采用大直径油管，当地层能量降低就改用小直径油管，有利于合理利用自然能量，增大井的带液生产能力，延长井的自喷生产期。

三、气井生产系统分析

气井生产系统分析是指对气井生产过程中的各个组成部分进行研究和评估，以确定生产系统的性能、优化生产效果和提高生产效率。下面是一些常见的气井生产系统分析的内容和方法：

（1）井筒压力分析。井筒压力分析是一种通过监测井筒压力的变化来分析气井产能、井底沉积岩层性质和渗透性等的方法。根据井筒压力的变化，可以确定井筒内的流动状态和生产效果。

①常用的方法之一是井测试。井测试是指在井筒内注入一定压力的流体，然后通过观测井筒压力的变化来评估井筒的产能。通过井测试，我们可以获取到井底沉积岩层的性质，如渗透性、压裂能力等。井测试还可以帮助我们评估井筒内的流体动力学特征，如流动速度、产能限制等。这些信息对于制定合理的采气方案和优化生产效果至关重要。

②压力传递模型分析也是常用的井筒压力分析方法之一。通过建立井筒系统中的压力传递模型，我们可以分析井筒内压力的传递规律和影响因素。在模型分析中，我们考虑了沉积岩层的渗透性、孔隙度等参数，以及井筒内的流体黏度、流速等因素。通过对压力传递模型的分析，我们可以预测井筒内的压力变化趋势，进一步评估井筒的产能和流动状态。

③除了上述常用的方法，还有一些其他的井筒压力分析方法可以应用在实际工程中。例如，可以利用压裂实验来评估井筒的渗透性和岩石力学性质，或者通过吸水实验来确定井底沉积岩层的渗透性等。这些方法的综合应

用可以为井筒压力分析提供更为全面和准确的结果，帮助工程师们更好地理解井筒内的流动状态并制定相应的生产措施。

（2）气液产量分析。气液产量分析是一种通过测量和分析气井中的气体和液体的产量来评估生产系统效率和瓶颈的方法。这项分析的主要目的是确定气井的产出能力以及液体积聚情况。通过掌握气井的产量情况，油田工程师可以更好地了解气藏的产能，并制定相应的生产策略。

①常用的方法之一是产量测试。通过监测气井中产出的气体和液体的流量，并结合其他关键参数，如压力和温度等，可以计算出气井的产量。产量测试可以提供详细的数据，帮助工程师判断气井的产能，并进一步优化生产过程。

②流体分离实验也是气液产量分析的一种常用方法。在气井产出的流体中，常常存在气体和液体的混合物。通过进行流体分离实验，可以将气体与液体分开，并对它们进行分别的产量分析。这种方法能够准确地确定气井中的气体和液体的产量，为评估液体的积聚情况提供重要依据。

通过气液产量分析，工程师不仅可以评估气井的产能和生产系统的效率，还可以发现潜在的问题和瓶颈。比如，如果发现气井中液体产量过高，可能意味着存在液体积聚的问题，需要采取相应措施进行处理。此外，分析产量数据还可以帮助工程师了解气井的产能变化趋势，以及随着时间推移，生产系统的运行情况是否正常。

（3）井眼沉积物分析。通过采集井眼中的沉积物样本，并进行物理、化学分析，可以了解沉积物的性质及其对生产系统的影响，帮助油田工作人员优化生产操作，提高采油效率。

①岩心分析是井眼沉积物分析的一种常用方法。通过采用旋转装置将岩心样本从井眼中取出，并对样本进行细致的观察和测量。岩心分析可以从岩石的颗粒大小、组分、孔隙结构等方面揭示沉积物的物理性质。这些信息对于确定储层的类型、厚度以及储藏状况具有重要意义。

②富氧测试是另一种常见的井眼沉积物分析方法。富氧测试通常通过向井眼中注入富氧溶液，使沉积物样本暴露在高氧环境中，然后观察样本的氧化反应。通过富氧测试可以评估沉积物中有机物含量、有机质类型以及有机质的热解特性。这些信息对于判断油气资源的含量、类型以及开采难度具

有重要意义。

井眼沉积物分析的结果可以为油井的完善设计和运行提供重要依据。例如，分析结果可以确定沉积物的可渗透性，从而判断储层对石油流动性的影响。此外，通过分析沉积物中的有机质含量和有机质类型，可以预测石油的产出量和品质，为油田的开发提供可靠的参考。通过井眼沉积物分析，油田工作人员还可以了解油藏的物理性质和化学组成，进一步确定开发策略。例如，分析结果可以确定油藏的温度、压力、酸度等条件，为选择合适的开采方法提供依据。此外，还可以通过分析沉积物的含盐量、矿物组成等信息，评估井身周围地层的稳定性，预测可能存在的沉积物挤压和堵塞问题，确保油井的长期稳产。

（4）井眼流体分析。通过采集井眼内的流体样本，并进行物理、化学分析，深入了解流体的性质和组成，进而确定它们对生产系统的影响。

①流体采样是进行井眼流体分析的基础。通过专门设计的设备，可以从井眼中提取到准确的流体样本。这些样本可以包括原油、气体以及含有不同化学成分的水。采样的过程需要注意保持样本的原始状态，以确保后续分析的准确性。

②对采集到的流体样本进行性质测试。这些测试可以包括测量流体的密度、黏度、流变性质以及含油、含气等指标。通过这些测试，了解流体的物理特性，比如它的流动性、稠度以及油气含量等。这些性质对于石油开采和生产过程的优化和决策具有重要意义。

③化学分析也是井眼流体分析的关键部分。通过对流体样本中各个组分的分析，我们可以准确确定其中的化学成分。这些成分可以包括烃类化合物、硫化物、有机酸等。化学分析的结果将帮助了解流体的组成，评估其可能的反应和性质变化，从而更好地理解井眼流体对生产系统的影响。

井眼流体分析的结果在石油工业中具有广泛的应用价值。首先，可以提供关键的信息，用于判断油藏的类型和特征。这有助于确定适当的生产方法和技术，从而实现最佳的油气开采效果。此外，井眼流体分析还可以进行油气资源评估和储量估算。通过了解流体的组成和性质，更准确地估算井眼中的原油和天然气储量，并对资源的价值进行评估。通过了解流体的性质和组成，识别出可能存在的问题和障碍，并采取相应的措施进行解决。这有助于提高生产效率、降低生产成本，并最大限度地利用油气资源。

（5）生产装置分析。在生产装置的分析中，主要关注气井生产系统中的各类设备和装置，如压缩机、管道、阀门等。通过对这些设备和装置进行细致的分析和评估，可以确定它们的运行状态和性能，从而优化整个系统的设计和操作。

①设备检查是生产装置分析中常用的一种方法。通过对各类设备的外观、结构和部件进行检查，及时发现潜在的故障隐患和设备磨损情况。例如，当发现管道存在腐蚀或变形时，及时进行修复或更换，以确保系统的正常运行和安全性。

②性能测试也是生产装置分析中不可或缺的一环。通过对各类设备的性能参数进行测试和评估，得到它们的运行效率、能耗情况以及性能稳定性等重要数据。例如，通过对压缩机的性能测试，确定其输出的气体流量、压力和温度等参数是否符合设计要求，从而及时调整和优化系统的操作方案。

③借助现代技术手段进行生产装置的分析。例如，通过使用无损检测技术，可以对设备的内部结构和部件进行全面的检测和评估，以发现潜在的缺陷和故障。同时，借助智能化监测系统，可以实时监测设备的运行状态和性能指标，及时预警并排除设备故障，提高系统的可靠性和稳定性。

④根据生产装置分析的结果，可以针对设备和装置的问题进行优化和改进。例如，在发现某个管道的流量受阻时，可以进行管道直径的调整或更换更为顺畅的材料，从而提高整个系统的生产效率。同时，通过对各类设备的操作参数进行调整和优化，可以降低能耗和维护成本，提高系统的经济效益。

通过对气井生产系统的综合分析，可以帮助工程师和运营人员了解系统的性能和瓶颈，制定相应的优化措施，提高气井的生产效率和经济效益。此外，还可以优化生产系统的设计、减少生产期间的故障和维修，提高系统的稳定性和可靠性。

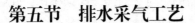

第五节　排水采气工艺

一、气井临界携液产量的确定

气井在实际生产中或多或少会产出一些液体，来源可能是凝析水、游离的地层水或烃类凝析液等，这就可能导致气井油管内不再为单一气体流动。正常生产时气井井筒内的流态为环雾流，液体以液滴的形式被气体携带至井口地面。如果井筒内流体流速太低，不能保持环雾状流态，那么液体将逐渐从气流中脱离出来，在重力作用下向下流动并存积在井底，气井开始出现井底积液。如果积液量过大，一方面会增大井筒内的压力损失，另一方面会使井筒附近地层的含水饱和度增大，导致气井产能降低甚至停产。

为此，对产水气井有必要先确定气井的临界携液产量，以指导气井的合理配产，维护气井的正常生产。气井正常携液生产的临界流速、临界产量与气井的压力、温度有关，与气液比无关。压力越低，需要的临界流量就越大，气井带液生产越困难。另外，油管直径的影响很大，小油管有利于增大流速、提高带液生产能力，但小油管又对高流速本身形成限制作用，由此在选择油管尺寸时必须考虑两方面因素的平衡。

上述方法的实用结果，计算的气井临界携液产量普遍偏大。大量研究提出了 Turner 模型的很多修正方法，其中一类是在 Turner 临界携液流速公式前加一个修正系数 α，实用时需要根据同一个气藏气井的生产动态来分析、判断，确定适当的 α 值。

二、优选管柱工艺

优选管柱排水采气是针对气井长时间生产后地层压力降低、气带水能力减弱后，气井生产无法达到"三稳定"状态的状况，采用及时调整生产管柱，将大直径油管换为小直径油管，借以增强气井自喷能力、恢复正常生产状态的一种工艺措施。

根据前面提到的气井临界携液产量理论可以认为，产水气井以建立正常排水生产能力为目的的优选合理管柱有两个方面：对流速高、排液能力好、产水量大的气井，可增大管径生产，以达到减少摩阻损失、提高井口压力、增大气井产量的目的；对于已经长时期生产、井底压力和产气量都很低的气井，排水能力差，则应该选择较小管径的油管生产，以提高气流带液能力、排除井底积液，延长气井的自喷生产期。

严格地说，优选管柱工艺实质上是一种优化设计方法，还不是一种单纯的排水采气工艺。其技术关键是确定气井的产量并使之满足于气井连续排液的临界流动条件，其设计的理论、方法十分成熟。工艺优点是设计简单，管理方便，经济投入较低。

三、气井排水采气工艺

在气藏开采过程中，有多种情况都可能导致气井产水。了解气井出水的来源和原因，掌握气井带水生产工艺措施和方法，形成适合气藏特点的排水采气工艺，对提高气井生产效率和气藏的采收率都是十分重要的。

(一) 泡沫排水

泡沫排水是一种常用的人工助排方法，使用方法简便是其最大的优点。通过定期向井筒内注入泡排剂，减小油管内流体的重力损失和气体滑脱损失，就可以增强气带水的自喷能力、促使气井正常生产。泡排剂的主要成分是表面化学剂，能有效降低水的表面张力。最初的泡排剂是液剂，需配套平衡罐或高压柱塞泵注入套管内。后来相继研制出固态的棒剂，现场使用更加方便。

现场泡排剂加入量的多少受多种因素影响，只能针对具体井的情况、结合经验而定。各种型号的泡排剂都有推荐的使用浓度建议，气水比小的井可以采用其上限，新投产井可以过量加入，待生产一段时间后视效果做调整。对产凝析水的气井或低产水井，一般数天或数月加1次即可；产水量超过30立方米/天时，建议每天加入2~3次为宜。起泡剂并非加得越多越好，过量加入会产生沉淀，给以后的工艺措施带来极大的隐患。

需要说明的是，加入起泡剂(特别是高效起泡剂)后，带至井口、地面的水溶液仍然存在大量泡沫，并聚集在分离器内，一旦进入外输管线则可能引起阻塞，导致输压增高。为此，还必须加入消泡剂，并与起泡剂配套使用。常用的消泡剂有硫化蓖麻油、仲辛醇、磷酸三丁酯等。泡沫排水工艺适用于产水量不大的弱喷、间喷井排水，最大排水量120立方米/天，可用于

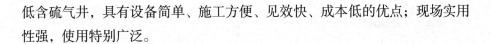

低含硫气井，具有设备简单、施工方便、见效快、成本低的优点；现场实用性强，使用特别广泛。

(二) 气举排水

气举排水是利用外来动力（如天然气压缩机或邻井的高压气）作为举升动力，借助井下气举阀的作用向产水气井的井筒内注入高压气源，借以排除井底积液，恢复生产的一种人工举升工艺方法。气举阀是实施气举工艺至关重要的工具，其作用有两点：一是卸去井筒液体的载荷，让气体能从油管柱的最佳部位注入；二是控制卸载和正常举升的注气量。

气举排水一般是向环形空间内注入高压气体，通过油管举升气水进行生产。气举装置分为开式气举、闭式气举和半开式气举3种类型。开式气举仅在无封隔器完井、采用套管生产方式、出砂严重或井身结构本身存在缺陷的气井中使用，故很少采用。半闭式气举装置适用于单封隔器完井方式的气井，能阻止注入的高压气从油底部进入油管，防止油管下部的液体进入地层中，既适合于连续气举，也适合于间歇气举。而闭式气举装置适用于单封隔器及固定阀完井的气井，它与半闭式气举相类似，不同的是：由于在油管下部安装了固定阀球，使高压气体和液体都不能进入地层，避免了开式气举的种种弊端。

气举排水可分为连续气举和间歇气举两种方式。连续气举是将高压天然气连续地注入井筒，使气液相混合，降低管柱内液柱的密度，提高举升能力；当井底压力降低至足以形成生产压差时，就造成了类似于自喷排液的势头，在井内液柱内卸载后气井也达到稳定生产。连续气举具有注入气和地层产出气的膨胀能量可被充分利用、注气量和产液量相对稳定、排液量大的优点，特别适合于边底水活跃、水产量大的气井，并常被用作气井水淹致死后的复活措施。

由于气举工艺具有其他排水工艺不可替代的多种优越性，该工艺已成为深层有水气藏排水采气的主要措施之一。气举排水适用于水淹井复产、大产水井助喷及气藏强排水开采方式，最大排水量为 400 立方米 / 天，最大举升高度 3500 米，装置的设计也比较简单，安装方便，经济投入不高，可用于中、高含硫的气井。

(三) 电潜泵排水采气工艺

变速电潜泵排水工艺是一套随油管下入井底的多级离心泵装置，将水淹气井中的积液从油管中迅速排出，降低对井底的回压，形成一定的"复产压差"后，促使气井重新恢复生产的一种机械排水采气措施。

变速电潜泵系统包括井下机组部分、中间部分和地面部分共三大组合，机械原理和操作都比较复杂，对水质有一定要求。如果过多，容易因产出水中的固体杂质而使电潜泵发生故障，而泵体的起下作业比较麻烦，这是电潜泵排水工艺实用性不强的重要原因之一，加之运行成本高，目前已经很少使用。但电潜泵排水采气工艺具有排量范围大 (最大可达 350 立方米 / 天)、扬程广、能大幅度增大生产压差的特点，适合于产水量大、水体能量大的排水气井，采用其他排水工艺都无法有效复产的水淹井等，是气井强排水的重要手段。

(四) 机抽排水

机抽排水采气工艺是国内外已广泛应用的、十分成熟的工艺。该工艺借助于抽油机、动力设备，将有杆深井泵下到井底液面以下适当深度，通过抽油机带动泵筒中的柱塞运动而抽吸排水。进入泵筒中的地层水从油管中排出至地面，天然气则从环形空间中产出。

气井机抽排水工艺最初来自油井生产工艺，但与采油井机抽采油有所差别：油井生产是油管采油，而气井是利用油管排水，油套管的环形空间采气。机抽排水先由井下分离器分离后将气排到环空内，水则进入软密封深井泵中。由于抽油机的抽吸作用将水抽到地面出口管线，而天然气也从环空中升至井口大四通，进入地面分离器再次分离。如果压力不足，则须加压后输送进入管线。

机抽排水工艺适用于具有一定产能但不具备气举条件的水淹井和间喷井，最大排水量为 70 立方米 / 天。这种工艺的优点是能稳定、连续地生产，工艺简单实用，成本低，操作方便，易于管理。但对气井和流体都存在要求，如井斜不大、井下无砂堵、流体无腐蚀性等。

一口具体的出水气井究竟应该选用哪种排水采气方法，还应结合气藏的地质特点、气井生产动态特点和环境条件来选择。总体上，目前采用最

多、最普遍的还是泡沫排水和气举排水。

四、低压低产气井排水采气工艺

(一) 低压低产气井特点

储气供气能力较差、在水气阶段产量不断下降、井口背压高等是低压低产气井的主要特点。

1. 储气和供气能力差

运用动态曲线分析方法对低压低产气井开采进行分析可发现，气井在生产的过程中存在地层压力低、储层物质复杂、物性差、含气面积小等特点，从而出现了供气能力较差的情况。生产过程中的压力差较大，导致气体产量减少。

2. 气井进入水气阶段产量下降

在气井开采过程中，随着水气比的不断变化，天然气产量和井口压力显著下降。在气井开发初期，气井的生产区一般处于纯气区。随着开发时间的不断延长和地层水的不断侵入，气藏中出现了液体，使气井进入水气阶段，气井产量明显下降。

3. 气井井口背压高

井口背压对气井开采有着非常重要的影响。目前主要用于气井井口背压的关井采油，可以有效控制井口背压。通过关闭油井以降低出口压力，可以重新打开油井以提高生产压差和气体产量。然而，气井产量在背压后下降，因此间歇生产是最常见的技术。

(二) 低压低产气井排水采气工艺技术分析

从目前使用情况来看，同心毛细管、柱塞驱动、连续油管装置、车载压缩机气举、连续循环采气、射流泵排水采气、气举泡排相结合等工艺技术主要运用到低压低产气井排水采气工作中。

1. 同心毛细管工艺技术

同心毛细管技术是近期出现的新兴技术，虽然还未得到广泛的运用，但在低压低产气井开采中有着较好的效果。同心毛细管技术在抽气的过程中有着较高的实用性，对于解决低压低产气井积液、出水等问题效率较高。除此之外，同心毛细管技术在使用的过程中，对气井化学腐蚀问题有着较好的处理效果；在使用的过程中加入定量化学物质，能够清理气井中的蜡垢。同心毛细管技术的工作原理是运用特殊的真空装置将定量的发泡剂注入气井的底部，在井底有效降低压力。起泡剂与天然气从井口一起排出后，运用气井清洁技术对液化天然气进行处理。通过对该技术应用的不断探索发现，该技术的运用不但能够缓解低压或低产气井的强抽采气现象，而且同时具备了安装简单、装置后应用周期长的特点。所需的发泡剂也可以重复使用。但同心毛细管技术在实际使用中也出现了若干问题，如对化学试剂的强烈依赖性。如果在应用该方法时停止化学试剂的注入，毛细管内就会出现许多化学反应，由此引起阻塞和腐蚀等各种情况。

2. 柱塞驱动工艺技术

所谓的柱塞驱动技术，主要是指以柱塞为动力源，使气井里的液体气体向地面上升流动。具体情况则取决于柱塞的往复运动。由于流动产生在竖井之中，所以井中的积液也能够通过其流动方式而送到地面，但这是一个间歇性积液排放的过程方法。因为空气本身存在一定的动力，并能够在空气上升时带动柱塞运动。通过这一工作过程，柱塞运动能够带走较多的积液，使积液的积聚对低压低产气井的冲击减至最低。该方法的使用成本相对较小，且应用也较为方便，已被我国国内的多家气田有效使用。但需要注意的是：一旦气井结构较复杂，该方法的可行性也就被严重削弱。主要是由于在气井结构较复杂的情况下，当柱塞带有高液面进入地层结构后，大量液体将会再渗漏入地层结构中，虽然可以在一定程度上解决油井井底积液问题，但不能完全解决问题。

3. 连续油管装置工艺技术

在低压低产气井中运用连续油管装置，其效果明显。连续油管装置使用有着较高的便捷性，在实际的操作中不需要进行修井作业，大大降低了开采成本，所以在短时间内迅速地被多数气田开采企业所应用。在具体的使用中，一般采用连续油管进行抽油杆的替代。采用连续油管装置工艺技术，能够提高油井井底积液的流动速度，增加气井的吸气性能。连续油管装置工艺技术有很大的气体开采和制备效果。然而，对于一些气田，由于地质条件的

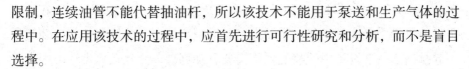

限制，连续油管不能代替抽油杆，所以该技术不能用于泵送和生产气体的过程中。在应用该技术的过程中，应首先进行可行性研究和分析，而不是盲目选择。

4. 车载压缩机气举工艺技术

车载压缩机气举工艺技术的使用，需要相关设备的支撑。企业需引进大功率车载压缩机。首先，运用压缩机对空气进行压缩。其次，将压缩空气注入气井之中，压缩空气与井底的流体相结合，在井底产生大量气泡后，井底的天然气会出现一定的压力值。在压力的作用下，井底产生气泡，实现气体排放的主要目的。在实际的操作中，使用压缩机将压缩空气连续注入井内的气源，气体将液体泡沫带入外部环境。目前，车载压缩机气举技术已在我国部分气田成功应用，很多企业也投入生产。截至目前，车载压缩机气举技术在个体气田开采中使用后，产生了 70 万立方米的天然气收入，并在实际的使用中大大提升了气井的排水能力。由于车载压缩机气举技术的使用需要高功率的车载压缩机的运用，生产成本会大大增加。另外，往井底加注压缩空气断路器，对井下装置的安全性有一定提高。因为井下装置的稳定性不好，压缩空气会损坏它。另一方面，该技术的应用不会污染外部环境和地层环境，也不会破坏地层结构。

5. 连续循环采气工艺技术

连续循环采气技术使用压缩机作为驱动能源。具体而言，天然气生产技术是通过反复注入天然气实现的。在压缩机做功的基础上，油管中的天然气将逐渐从油井中排出，但在压缩机做功作用下，天然气将被外力加压并注入井筒。在循环中，井筒中的动能将逐渐增加，天然气也加快了排放速度，最后会有大量的液体涌出，达到排放的目的。在这一过程中，所需的管道需为标准口径，以避免管道堵塞。此外，当连续循环采气技术用于采气时，井底流动压力自然会处于较低的范围内。即使气井停止生产，积液也会逐渐排出，以避免过多积液积聚在井中的严重问题。由此可见，连续循环采气技术具有较强的应用优势。

6. 射流泵排水采气工艺技术

射流泵排水采气技术是水力泵的其中一种技术，在施工过程中不需要移动部件，泵可以自由转换。在排水系统中，地面可以提供所需的高压动态积液，压力能量可以被适当地转换成高速流束。此时，井积液与动力积液结合以提供动力积液的动能，这增加了井下积液的压力并导致地下水和气体一起排出。井下设备中的喷射泵不需要移动部件，并且在恶劣环境中运行良好。如在不利的施工条件下，该过程可以逆转。设备的结构相对简单，运行失败时维护成本相对较小。在实际应用中，该设备相对耐磨，抗腐蚀能力强，可在高温、高气液化环境中正常工作。

7. 气举泡排相结合工艺技术

气举泡排相结合是一种先进的排水采气技术。对于低压低产气井，气举泡排相结合技术的应用导致大量液体排放，但这一技术的运用对环境要求很高。

(三) 低压低产气井采气技术应用中存在的问题分析

在采气生产技术应用中，首先对气井自喷管柱的长度进行测量，并严格计量从气井中连续排出的气体总流量。一旦气体排放结果不连续，则重新试验并计量，直至结果连续，这样不但保证了气体流动的稳定性，而且保证了气体收集的质量稳定性。现代排水技术的设计和运用，水从井口注入井底。由于天然气流动的作用，同时流入的液体和在井底积聚的液体混合。这样操作降低了液体的膨胀，所以能够有效降低空气在储层内的滑脱，大大提高了空气收集的质量，可以降低管路中的摩擦损失以及井内的重力梯度，可以增加或者去除其中的污染物，增加气体回收的纯度。但是在实际的气体排水工艺技术应用的过程中，这个环节往往未能做到，以至于气体开发过程中的回收量或者纯度，不论是因为井底碎屑或者管路压力，都会受到影响，这在低压低产气井的采气技术中也值得考虑和改进。

(四) 加强气井排水采气工艺技术应用的对策分析

针对上述问题，加强水驱法在气田开发中的应用、气藏结构分析、新技术的应用是主要的解决策略。

1. 加强水驱法在气田开发中的应用

天然气作为一个新兴绿色燃料，其发展受到了能源部门的关注。由于技术和采气装备的不断更新与发展，采气困难得到解决，但采气技术在天然气田的运用仍面临许多困难。在开采和采气过程中，利用注水调节贮层压强，使贮层内的空气抽出或回收。在气层的注水过程中，不可随意进行注水，需沿着亲水岩层表面注入，这样做的主要目的是保证亲水岩层中天然气能够有效地清除，提升采气量。所以，在低压低产气井的排水采气工作中加强水驱法在气田开发中的应用十分必要。

2. 加强气藏结构分析

在气田开发过程中，气田结构和气藏分析方法的应用主要基于分析数据。只有分析数据足够准确，才能有效保证气田开发质量。在气田构造和气藏分析中，野外勘探是必不可少的。在调查过程中，工作人员应积极研究和分析各个部分，不应为了完成采集任务而匆忙进行分析。因为收集和分析的数据将决定油田开发的成功与否，所以在油田结构分析过程中应谨慎进行油田研究。

在气藏的分析过程中，需积极分析注气水的面积、含气的面积、气藏的高度等相关数据，找到水气的准确边界，运用相关的分析技术对气藏剖面进行绘制，清晰地了解气藏共存的情况，为后期的气田开发提供科学的数据支撑，保证气田开发的有效性。

3. 加强新技术的应用

在气田开发的过程中，一般会运用多种开采方法，并结合不同阶段的气藏情况、地质变化等进行开发工艺及开发设备的选择。但面对具有特殊地质条件的气藏，很多方法都不能很好地发挥作用。所以，技术开发人员需要与时俱进，不断地进行技术的更新和创新，注重技术运用的灵活性，为油藏开发的安全性和高效性提供保障。

第六节　储层改造和气井增产措施

气井增产工艺措施很多，最常用的是酸化和水力加砂压裂两种。

一、酸化工艺的基本原理

酸化是向气井井筒内注入各种酸液，通过化学作用接触产层污染、恢复和改善产层储渗能力的一种常用增产工艺。酸化可以解除在钻井、完井和其他作业过程中形成的污染、堵塞，这实际上起到了恢复地层渗透性能、恢复气井产能的作用。通过酸与地层岩石矿物质发生化学反应，还可使岩石空隙被扩大，裂缝被延伸，以此改善地层的渗透性能，提高气井产能。

(一) 砂岩地层的酸化

砂岩地层的岩石矿物成分如石英、钾长石、钠长石、高岭石、蒙脱石等，以硅质矿物成分为主，多采用氢氟酸（HF）或土酸（氢氟酸与盐酸的混合液）为酸化液。化学反应的结果要生成氟硅酸（H_2SiF_6），氟硅酸会与砂岩中的黏土矿物和长石进一步发生反应，生成一些沉淀物，此即硅质矿物溶蚀的一次和二次反应。因此，砂岩地层中黏土矿物成分、含量有可能影响储层的酸化改造效果。

(二) 碳酸盐岩地层的酸化

碳酸盐岩地层的岩石矿物成分以白云石、方解石为主，故采用盐酸（HCl）为酸化液。化学反应的生成物氯化镁（$MgCl_2$）、氯化钙（$CaCl_2$）等都溶于残酸，不会产生沉淀，可以通过放喷排放出地层。因此，碳酸盐岩地层的酸化施工增产效果大多较好。

为了提高各种酸液对地层岩石的针对性和酸化施工效果，还研制出了大量添加剂，如缓蚀剂、表面活性剂、铁离子稳定剂、黏土稳定剂、助排剂等，在此不做详述。

二、酸化施工工艺

针对不同情况的气井特点，已经形成了系列酸化工艺方式。目前，已经得到广泛推广应用并取得良好效果的酸化工艺主要有以下 3 种。

(一) 酸洗

酸洗又叫作酸浸。它是将少量低浓度酸注入产层段并浸泡一段时间，或通过反循环使酸液不断沿射孔孔眼或井壁流动，酸液与地层岩石或污染、堵塞物反应，由此解除污染、提高井底附近地层渗透性能。

酸洗的主要功能是清除井壁脏物，疏通孔眼。酸洗施工规模小（注酸量仅为 3 ~ 5 立方米，酸液浓度低于 10%），一般作为大型酸化工艺前的预处理措施。

(二) 常规酸化

常规酸化又被称为基质酸化，施工压力低于岩石破裂压力，通过酸蚀岩石孔隙、扩大和延伸洞缝，恢复和提高地层的渗透性能。其多作为新井完井或修井作业后、气井投产前的常规处理措施。常规酸化的酸作用范围比酸浸更深，作业用酸浓度更高（15% ~ 28%），酸量也更大（20 ~ 50 立方米），能有效解除钻井液和完井液对地层的损害。

(三) 大型酸化压裂

大型酸化压裂一般称为酸压，即在较高的施工压力条件下实施酸化工艺，可以使酸化作用距离更远，甚至压裂造缝后再酸蚀扩大缝宽，因此气井的增产效果比普通酸化工艺更好。已经形成了酸压工艺措施系列，主要工艺如下：

（1）前置液酸压工艺。常用在碳酸盐岩地层中，其原理是：先用高黏度液体做前置液并高压注入地层。在地层中人工形成高传导的裂缝后，再将酸液挤入地层中溶蚀裂缝壁面，使得即使停泵卸压后裂缝面仍不会闭合，进一步扩大和巩固人工裂缝的传导效果。因此，前置液酸压可以从酸化岩石和裂缝成缝两个方面来改造储层的渗透性能。

使用高黏液体前置液比使用酸液做前置液更优，主要在于高黏液体前置液漏失小，造缝更远、更宽，并且预先冷却了地层岩石，减缓了酸岩反应速度；与常规酸压相比较，储层改造的有效作用距离可增大 5 ~ 6 倍。前置液酸压工艺的特点是能有效压开地层，用酸量大，浓度高，施工排量大，泵压高，工艺效果好。

（2）胶凝酸酸化工艺。这是目前较为优越的深度酸化工艺技术，它以性能优良的胶凝酸体系为基础，具有黏度相当高、滤失速度低、摩阻损失小、残渣仍具有一定黏度的特点，返排时很容易排出地层中的酸不溶微粒，二次污染程度低，因而施工效果较为理想。

（3）泡沫酸酸化工艺。泡沫酸由气相和液相两个体系组成，其中气相所占的比例为 52% ~ 90%，成分可以是氮气、二氧化碳或其混合气，一般采用氮气。液相成分是盐酸、氢氟酸、甲酸及有机酸等酸液体系，一般采用 28% 的盐酸。施工时首先把起泡剂与一定浓度的酸液混合，在泵入井口前按预定比例与高压气体汇合，在井筒内形成一定质量的泡沫酸。

泡沫酸具有常规酸不具备的很多优点：一是由于酸液体系的液体比例低，不易引起黏土膨胀，对地层的二次污染小，损害程度低；二是体系中的气体成分有助于施工结束后的助排，不会对储层产生堵塞作用；三是泡沫的特殊结构使它具有良好的控制滤失作用和对酸岩反应的缓速性能。因此，泡沫酸酸化工艺特别适用于低压、低渗透气井和二次酸化作业井。

（4）降阻酸酸化工艺。该项工艺是专门针对某些气井的井口设备或生产管串额定压力偏低且又无法更换的特殊情况和需要而开发的。在酸液中加入一定比例的降阻剂后，施工泵注过程中能显著地降低酸液沿管程的摩阻损失，增大井底的有效处理压力，提高泵注的排量。因此，降阻酸酸化工艺的好处是扩大了酸化改造作业的施工范围，使原本不具备施工条件的井也能得到酸化改造，且大大降低施工成本。

三、压裂增产工艺

压裂也是最常用的储层改造和气井增产方法之一。碳酸盐岩气藏中，压裂一般是与酸化结合在一起实施的，即酸压工艺技术。砂岩气藏的低渗透改造则适于采用水力加砂压裂工艺技术。

（一）水力加砂压裂的储层改造的基本原理

水力加砂压裂工艺是应用最早的一项油气井增产技术，但一直在不断的发展完善当中，至今仍在发挥巨大作用，特别是在低渗透砂岩气藏的储层改造中。

水力加砂压裂是利用地面的高压泵组，通过向井内以大排量注入高黏液体，在井底地层附近憋起高压，当超过岩石的抗张强度破裂压力后，就在地层中形成一条裂缝。之后再继续注入携带支撑剂的压裂液，使裂缝继续延伸并得到充填，停泵后仍能形成具有一定宽度、高度和长度的填砂裂缝。水力加砂压裂工艺的关键有两点，一是要在井底形成高压并有效地压开地层；二是要有有效的支撑剂技术，确保已经压开的裂缝不再闭合。

为什么水力加砂压裂后气井能够增产呢？原因主要有以下两个方面：

（1）压裂造缝可以穿透井底附近地层的低渗透带或污染、堵塞带，能促使井与外围的高渗透储层相沟通，使气井供给范围和能量都得到显著提高，特别是在非均质的砂岩储层中和裂缝型的碳酸盐岩储层中。

（2）改变了气井周围流体渗流的流态，压裂前气井属平面径向流，而压裂后由于形成了通过井点的高传导大裂缝，井底附近地层中的流体将以单向流和管流为主。

(二) 压裂工艺方式

目前采用的压裂方式有合层压裂、分层压裂和一次多层分压等几种工艺方式。

（1）合层压裂。气井的生产层段往往不只一段，而是几段组成的开采层组。施工时对各个小层段同时进行压裂就叫作合层压裂。这是最简单的压裂方式，常用于裸眼完成的井。

（2）分层压裂。当气井产层段比较厚或者产层段比较多且各层段的渗透性能差别很大时，必须采用分层压裂的方式，才能保证有效地压裂开低渗透层段。分层压裂多用于射孔完成井，并要依靠封隔器卡住预期的压裂层段才能完成，或者用滑套固定，依次投球后逐层压开。

（3）一次多层分压。一次多层分压即先压开下部地层井段，然后采用适当的材料暂时堵塞住已经形成的裂缝，再由下往上逐层压裂，最终通过一次施工压裂开多个层段和多条裂缝。

对射孔完成井，可采用塑料球、尼龙核心橡胶球等，由井口专门的投球器，不停泵地投入比压裂段孔眼多20%左右的球，把已压开裂缝处的射孔孔眼堵住；对裸眼完成井，则可将颗粒状或纤维状的暂堵剂随同压裂液一起注入井中，在缝口或缝内桥架起来形成堵塞。

(三) 压裂液和支撑剂

压裂液和支撑剂是水力加砂压裂施工中的两个重要材料，关系到施工作业的成败和气井增产效果的好坏。

按照性质的不同，压裂液可分为水基、油基、酸基、泡沫和乳状等几种类型。若按照各自功能、作用的不同，压裂液又可分为前置液、携砂液、顶替液三部分，在不同的施工阶段依次注入井内。其中，前置液是为了在地层中憋压并造缝，携砂液是为了将支撑剂带到裂缝中，顶替液是为了使井筒中的携砂液全部送到裂缝中的预定位置。

支撑剂分为脆性和柔性两大类，前者如石英砂、陶粒、玻璃球等，特点是硬度大，不变形。后者如塑料球、核桃壳等，高压下变形大，但不易破碎。不论采用何种支撑剂，强度高、杂质少、粒度均匀、圆球度好都是基本要求，同时尽量达到来源广、价格低廉。

四、储层改造的施工效果评价

储层改造措施是大型的施工作业，施工结束后应对措施效果进行现场总结和全面的分析、评价。

(一) 利用气井措施前后的测试产量评价措施效果

不论是酸化还是压裂，措施前后都应进行测试，因此现场上一般将措施前后的气井测试产量大小作为一种评价增产措施效果好坏的指标。这种评价方法简单、直观、实用性强，但由于气井测试产量的高低往往还受其他人为因素的控制，如测试回压的大小、油套压的大小等，因此根据气井测试产量的变化来评价增产措施效果不是很严格的。

(二) 利用措施前后的试井资料评价措施效果

试井是气藏工程研究中的一种重要技术，是准确了解储层特性、分析气藏动态的可靠手段。通过试井测试和解释，可以定量计算储、产层的渗透率大小，分析气井污染情况和表皮大小，还可以确定气井产气方程式，计算气井无阻流量和产能大小。因此，在气井增产措施前、后都开展试井测试，可以对比分析储层渗透性能的改善和变化，评价工艺措施的效果。

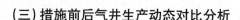

(三) 措施前后气井生产动态对比分析

如前所述，措施前后气井测试产量的高低，只说明了措施前后短时间内对气井产能的影响，而气井生产是一个长期的过程，还应该从长期、稳定生产的角度来评价增产措施的效果。

在实施压裂措施后，气井产量的提高可能有一个稳产期，之后仍然会衰竭递减。在一个时间段内虚线都高于不实施压裂措施的产量动态曲线，这个时间段一般称为增产有效期，两条曲线之间的阴影面积代表了累积增产气量的多少，并可计算出新增产值。一般来说，如果实施措施的施工成本高于新增产值的话，那么即使本次增产措施增大了气井产量，并且获得了一个稳产期，但由于实际新增的产气量不大，从经济上看仍然是不成功的。

第三章　页岩油气压裂新技术

第一节　"井工厂"压裂技术

"井工厂"压裂技术就是基于页岩油气压裂开发特点形成的一项具有针对性的技术，其作用模式是基于工厂流水线作业和管理程序模式。这种操作模式是建立在"准时制生产 / 适时反应战略"的管理理念基础上的，是一种力求消除一切浪费和不断提高生产率基础上的一种生产理念。页岩油气水平井压裂设计理念与常规油气水平井压裂设计理念存在较大的差别。其主要可以归纳为以下 3 个方面：①页岩油气水平井压裂规模大。页岩油气水平井压裂时单井施工规模可达到"万方液、千方砂"的规模，施工排量一般在 $10m^3/min$ 以上，这要求施工准备液体、支撑剂和压裂设备都要高于常规的压裂作业。②页岩岩石力学性质不同于常规储层。页岩岩石脆性更强，在压裂过程中则反映为压裂裂缝时受剪切力大，易产生缝网，这与常规压裂形成单一裂缝形态不同。③页岩气压裂裂缝形成过程存在明显的相互影响现象。由于在页岩水平井压裂形成缝网过程中，水力裂缝达到范围更大，因此裂缝之间已产生应力叠加效应，从而裂缝之间的扩展产生相互影响。根据现场条件和设计理念的不同，"井工厂"压裂方式可分为水平井单井顺序压裂作业、多井"拉链式"压裂作业和多井同步压裂作业等多种顺序。

一、"井工厂"技术特征

"井工厂"压裂技术按其作业模式具有以下 7 项技术特点：

(1) 流水线的作业模式。"井工厂"压裂技术作业作为工厂化开发页岩油气的一个重要环节，紧密衔接钻完井、试油试气投产等作业环节，因此"井工厂"压裂作业须按照工厂流水生产线作业模式，快速、规律地进行压裂作业，从而保障整个井场合理、有效地开展工作。

（2）材料供应和配送具有严格要求。"井工厂"压裂材料供应需要做到快速配置、快速供给。由于井场上需要在较短时间内进行流水式压裂多井，压裂用材料数量大，因此需要在场地供应等条件上进行严格设计和安排。同时，由于井场可能存在多个环节同时作业，在压裂期间，配送压裂用材料的车辆和人员的进出场路线和摆放位置设计需要更加严格。

（3）压裂设备要求高。由于页岩油气压裂作业的规模大、排量大的特征需求，且在"井工厂"压裂模式下，压裂设备的大规模作业能力、持续作业能力的要求更高。同时，由于"井工厂"压裂作业按照流水模式进行，压裂设备在井场上的合理布局摆放和快速移动都要求更高。

"井工厂"压裂技术是一种基于规模化、流水线化的压裂作业技术，因此其技术应用应满足以下几个条件：

①工厂化的管理模式。工厂化、流水线型的压裂管理模式是"井工厂"压裂技术能够开展应用的先决条件。

②压裂作业配套设施和设计的高效协调配合。"井工厂"压裂作业需要大量的压裂液，同步压裂时需要在井场上合理布局摆放两套及以上的车组，因此良好的压裂配套设施、合理的设计等是"井工厂"压裂成功的必备条件。

③钻井、完井设备能力和作业能力的紧密配合。在一个井工厂作业平台上存在多种作业环节，因此只有合理地设计钻井、完井速度和质量，有效地衔接每个环节，才能真正意义上在页岩油气水平井上实现"井工厂"压裂开发。

④深化压前认识和优化压裂设计。

（4）提高单井产能。采用多点压裂技术是提高单井产能和生产效率的有效途径之一。传统的单点压裂技术只能将压裂液注入井筒中的一个位置，限制了产能的进一步提升。而多点压裂则能够在井筒的不同段位进行压裂操作，充分利用储层的多个压裂段，从而增加了油气流通的通道和面积，提高了产能的潜力。

①多点压裂的实施过程是通过在井筒中设置多个压裂分区，每个压裂分区均采用高压液体压裂技术，将压裂液注入不同的段位。这样，可以在每个压裂段位形成更多的裂缝网络，增加不同地质层段的渗透能力，使得油气能更加顺畅地流向井筒。

②通过多点压裂技术，还可以针对不同地质层段的特点和储量分布进行有针对性的操作。比如，在储量较高的地质层段进行重点压裂，以优先开采高产层，提高产量和产值。而对于储量相对较低的地质层段可以适度压裂，提高整个井筒的产能。

③多点压裂技术的应用还可以减少压裂液的浸润范围，减少对地质层的破坏，降低环境风险。由于每个压裂分区相对较小，可以更加精准地控制压裂液的注入量和压力，减少过量压裂导致的能源和资源浪费。

④多点压裂技术还能够提高油气开采的整体效率。通过合理设置压裂分区和优化压裂工艺，可以减少压裂时间和成本，提高生产周期和经济效益。

（5）减少开采成本。相比于传统的垂直井和单点压裂，"井工厂"能够利用一口水平井筒同时压裂多个地层，从而大幅度减少钻井和井完工的成本。

①在传统的开采方式中，石油公司需要先进行垂直钻井，然后再对每个地层进行单独的压裂作业。这不仅增加了钻井设备的使用费用，还浪费了大量的水、压裂液和压裂作业时间。然而，"井工厂"的出现改变了这一局面。它通过一口水平井筒在多个地层之间进行连续压裂，使得不同地层的开采可以同时进行，大大提高开采效率。

②"井工厂"的工作原理是利用先进的水平井技术，将井筒延伸到需要开采的不同地层中。然后，通过井筒内的压裂设备，在每个地层上进行压裂作业。由于井筒的水平延伸，可以在一次井完工过程中覆盖多个地层，从而减少了钻井次数。

③除了减少钻井和井完工的成本外，"井工厂"还可以节省大量的水、压裂液和压裂作业时间。在传统的压裂作业中，每个地层都需要单独进行压裂，需要大量的水和压裂液来支持作业。而"井工厂"可以在同一时间内压裂多个地层，减少了水和压裂液的使用量，降低了开采成本。

④此外，"井工厂"还能够节约压裂作业的时间。在传统的压裂作业中，每个地层的压裂都需要独立进行，耗时较长。而"井工厂"通过同时压裂多个地层，提高了作业效率，缩短了开采周期。

（6）提高勘探开发效果。在勘探阶段，通过有效的地质勘探和油气资源评估，确定有潜力的储层区域是成功开发的关键。然而，仅依靠发现储层并不足以实现最大化开采和开放储层的目标，需要采取一系列措施来提高产能。

①在储层压裂过程中选择合适的压裂段是至关重要的。通过充分研究储层的地质特征、油气渗透性以及岩石力学性质等因素，可以确定最适宜进行压裂的区域。这样一来，压裂液能够更有效地渗入储层中，使其裂缝网络更加广泛，从而增加油气流通的通道，提高产能。

②合理选择压裂参数也是提高勘探开发效果的重要手段。压裂压力、压裂液的组成、施工流程等参数都会对压裂效果产生直接影响。通过精确调整这些参数，可以使压裂液在储层中形成更大的裂缝和强大的压力，促使油气从储层释放出来。在这个过程中，需要密切监测和控制压裂液的喷射速度和流量，确保压裂操作的精确性和安全性。

③借助现代化技术手段也能够提高天然气和油藏的产能。例如，利用水力压裂技术，可以通过增强油气的流动性，使储层中的油气更容易被提取。此外，射孔技术的改进和应用也对提高产能起到了积极的推动作用。通过合理选择射孔位置和射孔方式，可以增加储层与井筒之间的有效接触面积，提高储层开放度和产能。

（7）减少对地面的占用。多点压裂集中在一口井筒内进行，相比传统的多口井开采，可以减少对地表的占用，降低土地使用成本。

二、"井工厂"压裂设备组成

"井工厂"压裂设备组成主要分为以下6个部分：

（1）连续泵注系统。该系统包括压裂泵车、混砂车、仪表车、高低压管汇、各种高压控制阀门、低压软管、井口控制闸门组及控制箱。

（2）连续供砂系统。该系统主要由巨型砂罐、大型输砂器、密闭运砂车、除尘器组成。巨型砂罐由拖车拉到现场，它的容量大，适用于大型压裂；实现大规模连续输砂，自动化程度高。双输送带，独立发动机。

（3）连续配液系统。该系统由水化车等主要设备，液体添加剂车、液体胍胶罐车、化学剂运输车、酸运输车等辅助设备构成。水化车用于将液体胍胶（LGC）或减阻剂及其他各种液体添加剂稀释溶解成压裂液。其体积庞大，自带发动机，吸入排量大，可实现连续配液，适用于大型压裂。其他辅助设

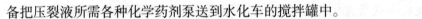

备把压裂液所需各种化学药剂泵送到水化车的搅拌罐中。

(4) 连续供水系统。该系统由水源、供水泵、污水处理机等主要设备及输水管线、水分配器、水管线过桥等辅助设备构成。水源可以利用周围河流或湖泊的水直接送到井场的水罐中或者在井场附近打水井做水源，挖大水池来蓄水。对于多个丛式井组可以用水池，压裂后放喷的水直接排入水池，经过处理后重复利用。水泵把水送到井场的水罐中，污水处理机用来净化压裂放喷出来的残液水，主要是利用臭氧进行处理，沉淀后重复利用。

(5) 工具下入系统。该系统主要由电缆射孔车、井口密封系统 (防喷管、电缆放喷盒等)、吊车、泵车、井下工具串 (射孔枪、桥塞等)、水罐组成。该系统工作过程是：井下工具串连接并放入井口密封系统中，将放喷管与井口连接好，打开井口闸门，工具串依靠重力进入直井段，启动泵车用 KCl 水溶液把桥塞等工具串送到井底。

(6) 施工组织保障系统。该系统主要有燃料罐车、润滑油罐车、配件卡车、餐车、野营房车、发电照明系统、卫星传输、生活及工业垃圾回收车。

三、技术发展前景

在技术发展前景方面，井工厂压裂技术有以下 4 个方面的发展趋势：

(一) 技术改进和优化

在井工厂压裂技术的改进和优化领域，随着对该技术的应用和研究的不断深入，迫切需要对井工厂的压裂工艺、压裂液配方和作业参数进行进一步的改进和优化，从而实现更高水平的开采效果和经济效益。

(1) 在压裂工艺方面，当前存在的一些技术问题和局限性需要得到解决。例如，传统的压裂工艺存在可能无法完全破碎地层、低产能井眼、高耗能等问题。因此，有必要研发更先进的压裂工艺，运用新型的液压系统、井筒控制技术和流体力学模拟手段等，以实现对地层的更精确和全面的破碎，提高压裂效果。

(2) 在压裂液配方方面，需要深入研究压裂液的组分和性能，以达到更好的液压断裂效果。例如，可以通过调整压裂液的黏度、密度和化学成分，来适应不同地层状况和目标层特征。同时，可以探索添加新型化学剂、纳米材料等，以提高压裂液的渗透能力和破碎效果。

（3）在作业参数方面，需要根据具体的地质条件和油气资源特征，优化井工厂的作业参数设置。例如，通过合理调整注入流量、压力、注入时间和压裂液的排量等参数，来实现最佳压裂效果。此外，还可以采用先进的监测技术和数据分析方法，实时监测井下压力、温度、流量等参数，从而能够及时调整并精确掌握作业进展情况。

（二）精细化管理和控制

在多点压裂作业中，精确控制每个压裂点的压裂液注入量、流量和压力对于作业的顺利进行至关重要。因此，需要进一步发展智能化的监测和控制系统，以实现精细化管理和控制的目标。

（1）在压裂作业中，不同压裂点有着不同的要求和条件。精细化管理和控制可以根据每个压裂点的特性和需要，对压裂液注入量进行精确控制。通过智能化监测系统，可以实时了解到每个压裂点的注入量情况，从而根据实际情况进行调整。这样一来，就可以避免过量或不足的压裂液注入，从而保证每个点的压裂效果最佳。

（2）流量和压力也是需要精确控制的参数。通过智能化的监测和控制系统，可以实时监测到每个压裂点的流量和压力情况，并且可以及时进行调整。这样一来，可以保持每个点的流量和压力在合适的范围内，从而确保压裂作业的质量和效率。

（3）实现精细化管理和控制的关键是智能化的监测和控制系统的发展。通过引入先进的传感器技术和控制算法，可以实时获取到各个压裂点的数据，然后通过智能化的算法分析和处理这些数据，进而实现对压裂液注入量、流量和压力的精确控制。这样一来，可以最大程度地提高压裂作业的准确性和综合效益。

（三）结合新技术

（1）井工厂压裂技术与水力裂缝导向技术的结合，可以有效地提高石油和天然气的开采效率。传统的压裂技术仅仅能够在垂直方向上进行施工，而水力裂缝导向技术可以将水力压裂的力量更准确地集中在目标层段上，使得石油和天然气的开采效果得到进一步的提升。通过这种结合，压裂液能够更加准确地渗透到目标层段中，从而改善储层的产能和渗透率，提高开采的生产率。

（2）井工厂压裂技术与导向钻井技术的结合，将在狭小或者复杂的地质条件下展现出巨大的潜力。传统的压裂技术往往受限于地质条件，无法灵活应对复杂的地层结构。而导向钻井技术可以通过弯曲钻杆的方式，在地下形成不同的井眼角度，从而实现钻井轨迹的调整和控制。将导向钻井技术与井工厂压裂技术相结合，可以在复杂的地质层位中实现精确的压裂操作，提高开采效果和经济效益。

（3）井工厂压裂技术结合其他新技术还有潜力进一步推动绿色环保和可持续发展。尽管井工厂压裂技术被广泛应用于石油和天然气开采领域，但也伴随着环境污染和资源消耗等问题。而与水力裂缝导向技术和导向钻井技术等新技术的结合，可以通过精确的施工，减少地下水和环境的污染。同时，通过提高开采效率，也能够减少资源的消耗和浪费，实现更加可持续的开采模式。

（四）应用领域扩展

井工厂压裂技术的应用领域正在不断扩展。目前，这项技术主要用于页岩气和致密气的开采，因其高效、可持续的特点而备受推崇。然而，随着技术的不断进步和改进，井工厂压裂技术未来有望在更多类型的油气藏中发挥作用。

（1）井工厂压裂技术在油砂开采领域有着巨大的潜力。油砂是一种沉积岩，含有丰富的可提炼油砂。然而，由于油砂黏性高、渗透性差，在开采过程中面临一系列难题。井工厂压裂技术能够通过注入压裂液和人工压力，有效破碎油砂层，提高油砂产量。这将为油砂开采行业带来革命性的变革，推动其更为可持续和高效地发展。

（2）井工厂压裂技术也有望在水合物开采领域发挥重要作用。水合物是一种在极端压力和温度条件下形成的天然气水合物晶体，被认为是未来能源的重要来源。然而，由于水合物分布广泛且难以开采，使得其商业化开发面临巨大挑战。井工厂压裂技术能够通过压力、温度和压裂液的控制，有效地破碎水合物层，并提高开采效率。这将为水合物开采提供新的技术手段，加速其商业化进程。

（3）除了油砂和水合物，井工厂压裂技术还有潜力在其他类型的油气藏中应用。例如，针对高硫含量的油气藏，井工厂压裂技术可以通过注入合适的压裂液和添加剂，有效地降低硫含量，提高油气品质。另外，对于深层油气藏的开采，井工厂压裂技术能够利用高压力和压裂液的作用，突破地层障碍，提高产能。

第二节　同步压裂技术

一、技术应用特征

同步压裂的技术应用特征具有以下 3 点：

（1）应力叠加效应。大量的数值模拟计算表明，压裂裂缝在扩展过程中，靠近地层孔隙受裂缝内的压力抬高影响，孔隙压力升高，并以裂缝为中心向外逐渐降低，但由于同步扩展的 2 条或 2 条以上裂缝扩展，地层孔隙压力抬升区域出现重叠，这样就出现应力叠加现象。叠加区域的孔隙压力值进一步抬升。应力叠加效应将有利于区域内页岩的破裂，从而进一步增大水力压裂改造的效果。同时，在现场同步压裂过程的微地震监测显示，同步压裂的裂缝间的中部区域信号强烈，这与单裂缝扩展获得的信号有着明显不同，也证实了应力叠加效应的存在。

（2）多套压裂设备同步作业。同步压裂为 2 口或 2 口以上水平井同时进行压裂作业，这样的施工要求现场的压裂设备、管线等均布置对应井数。因此，多套压裂的布局摆放和施工指挥需要做到统一配置和指挥。

（3）快速配液作业和配套运输系统。由于同步压裂作业特点，压裂用液量为单井的 2 倍及以上，因此现场对连续配液及围绕配液所需的输送、现场检测等配套系统的技术要求比单井高。

二、多孔联动控制同步水力压裂技术及装备

多孔联动控制同步水力压裂装备系统主要包括高压泵站、高压封孔胶囊、可调式高压注水器、高压密封推杆、联动控制装置（包括联动控制分水

箱和联动控制箱）。稳定可靠的压裂装备是实施压裂工艺的前提，多孔联动控制同步水力压裂系统中最核心的装备为实现多孔同步压裂的联动控制装置和保证封孔效果的高压封孔胶囊。

联动控制箱（系统）开机后，主控自动将3路压裂孔的进水阀门打开，启动高压泵站，高压泵站将高压水通过联动控制系统的分水箱注入3路压裂钻孔中。随着高压水的持续注入，其中某一个压裂孔与控制孔裂缝导通，高压水通过导通的裂缝不断从控制孔中排出，此时该管路中的水压会有较大幅度的跌落（阈值可调），联动控制箱通过压力传感器检测到超过阈值的信号变化后，自动识别压裂钻孔管路，由电磁阀门控制气动阀门关闭该路高压水，剩余管路继续进行压裂作业。当所有压裂组全部压裂完成后，系统关闭泵站开关，打开回水阀，将胶囊内部高压水卸压后，将压裂装置推出压裂孔，完成钻孔压裂。

三、同步水力压裂技术原理

水力压裂技术增产增透主要是通过高压泵组产生的高压水进入储层中，使目标储层原有的裂隙得以进一步扩展，降低压裂储层附近的流体阻力以及改变流体的渗流状态，让本不溶解于水的气体能够进一步从储层脱离，从而提升气体的采收率。

而同步水力压裂技术的原理是利用多个压裂孔之间诱导应力的叠加效应，增加水力压裂裂缝的转向效果，最终在同样的施工参数条件下形成更为复杂的裂隙系统，在最大程度上增加水力压裂的改造体积及压裂后的效果。两口井同时压裂时，压裂液在高压力的作用下会从一口井向另外一口井运移，从而实现两口井之间的相互贯通，不仅可以增大压裂面积，同时可增加两口井之间的裂缝密度和面积，进而提高油气采收。在技术原理上，同步水力压裂一方面可使得两口及以上的相邻压裂井实现平行交互作业，节约作业时间；另一方面多口井同步对储层进行压裂时，裂缝扩展过程之间的相互作用产生更为复杂的缝网，增加水力压裂影响的区域面积。

第三节 "拉链式"压裂技术

拉链式压裂技术是一种新兴的油气开采技术，它通过在水平井中依次实施多个压裂段，将多个压裂段连续排列组合在一起，好比一条拉链，因此得名拉链式压裂技术。这一新技术在增强油气藏产能和改善油气井开采效果方面展现出了巨大潜力。

一、技术应用特征

"拉链式"压裂技术应用具有以下7点特征：

（1）不间断的作业方式。"拉链式"压裂在对两口水平井进行作业时，采用共用一套压裂车组交替作业形式进行。因此，当一口井的一段压裂结束时，马上转入另一口井的施工。同时，刚结束一段压裂的水平井则开展下一段作业的准备工作，如此循环直到两口"拉链式"压裂水平井施工完成。

（2）较低的场地要求和较高的持续作业要求。相对同步压裂的作业要求，"拉链式"压裂由于采用一套施工设备进行施工作业，其对场地的要求较小，几乎与单井压裂作业的场地要求相同。同时，虽然在总的作业时间上大大缩短，但要求两口水平井持续压裂作业，从而对压裂设备和施工人员都提出很高的要求。

（3）应力叠加效应不同。不同于同步压裂过程裂缝同步扩展，应力叠加是相互作用，"拉链式"压裂时的应力叠加则是后压裂裂缝在扩展过程中受先压裂裂缝的影响，在已改变的地层环境下进行裂缝扩展，因此后压裂裂缝形态更加复杂。

（4）增强产能。传统的压裂技术在水平井中只能实施一次压裂，效果有限。而拉链式压裂技术的出现给井下作业带来了革命性的变化。该技术可以在水平井筒内依次实施多个压裂段，形成了一种像拉链一样的连接方式，从而有效地增强了产能。通过连续压裂多个地层，拉链式压裂技术可以在更多的区域内打开裂缝，大幅度增加了油气藏的有效产能。这种方式可以让油气在更大的面积上被释放出来，提高采收率。此外，由于拉链式压裂技术可以准确控制每个压裂段的力度和液体用量，可以更好地适应不同地层的压裂需求，进一步提高产量。与传统技术相比，拉链式压裂技术具有更高的经济效益。由于能够在一次作业中实施多次压裂，节省了时间和成本。而且，通过提高产能和采收率，可获得更多的油气资源，对于油田的开发和生产具有重要意义。拉链式压裂技术的应用也带来了一系列挑战和技术难题。例如，如何在水平井筒内准确布置每个压裂段，如何控制不同地层的压裂参数，如何保证压裂液体的充分排空，等等。解决这些问题需要工程师们不断研究和创新，拓宽技术应用领域。

（5）优化储层开采效果。通过合理设置和设计拉链式压裂段，可以更加细致地开发储层，达到最佳的开采效果。

①拉链式压裂技术可以优化裂缝网络。在传统的压裂技术中，裂缝分布不均匀，容易造成一些高效开发的区域与低产出的区域之间存在着巨大的差距。而拉链式压裂技术则能够针对不同区块的地质特征，合理设置不同参数的压裂段，使得裂缝网络更加均匀分布，从而提高整体的产能。

②拉链式压裂技术可以降低连通阻力。在储层开采过程中，存在着连通阻力的问题，限制了油气的产出。通过拉链式压裂技术，可以在储层中形成交错的裂缝网络，使得油气在裂缝之间更加顺畅地流动，减小了连通阻力，提高了储层开采的效果。

③拉链式压裂技术还能改善生产衰减曲线。在传统的压裂技术中，随着开采时间的延长，生产衰减曲线呈现出较大的斜率，即产出逐渐下降的趋势。而拉链式压裂技术利用裂缝网络更加密集的特点，可以使得油气的产出维持较长的时间，并且衰减曲线较为平缓。这意味着通过拉链式压裂技术开采的油气资源更加可持续，并且能够保持较高的产出水平。

（6）灵活应用。

①根据不同地质情况和井型的差异，可以通过调整拉链式压裂的参数和次序最大程度地提高油气资源的开采效率。例如，在岩性复杂的油气藏中，可以采用较高的压裂参数和适当的压裂次序，以充分开采储层中的油气资源。而在含砂和泥浆较多的地质条件下，可以采用较低的压裂参数和先低后高的压裂次序，以避免压裂流体带来的砂浆堵塞问题。

②拉链式压裂技术的灵活应用可以适应各类油气藏的开采需求。不同类型的油气藏具有不同的地质特征和储层性质，因此需要采用不同的开采技

术来实现最佳开采效果。拉链式压裂技术通过灵活调整参数和次序，能够适应常规油气藏、致密油气藏、页岩油气藏等不同类型的油气藏。这种技术的应用范围广泛，为油气开采行业带来了新的发展机遇。

（7）减少作业成本。相比传统的一次性压裂整个水平段的方式，拉链式压裂技术能够根据实际生产需求逐段进行压裂操作，从而有效地减少了每次压裂所需的耗材、作业时间和总体成本。

传统的一次性压裂整个水平段的方法虽然能够在较短的时间内完成作业，但是也面临着材料浪费和效率低下的问题。因为在整个水平段进行压裂时，很可能会遇到一些不需要压裂的区域，这样就造成压裂材料的浪费。而且，由于一次性完成作业的方式往往需要耗费较长的时间，所以增加了作业周期和成本。而拉链式压裂技术的应用，则可以根据实际情况逐段压裂，避免了浪费。可以根据生产需求和井底情况，合理划分水平段的压裂区域，只对需要压裂的区域进行操作，从而避免了对无效区域的浪费。这种按需压裂的方式，不仅节省了耗材的使用，还能够提高作业效率，减少作业时间和成本。

拉链式压裂技术的应用在油气开采领域具有广阔的前景。采用这种技术，不仅可以降低作业成本，提高开采效率，还可以减少环境污染和地质破坏。由于灵活的压裂方式，拉链式压裂技术能够更精准地控制压裂效果，使得油气开采过程更为可控和可持续。

二、技术发展前景

"拉链式"压裂技术因其与单井压裂几乎一样的场地要求，且现场应用效果明显，在现场压裂实践中取得了较好的试验效果，有效地提升了压裂效率，缩短了作业时间。因此，针对页岩油气压裂大规模作业的特征，"拉链式"压裂技术将有可能成为页岩油气压裂改造的一项常用技术。

（一）技术创新和工艺改进

（1）对拉链式压裂技术的工艺流程进行优化和改进是十分必要的。目前，技术人员已经对于压裂液的注入方式、压力控制、工具使用等方面进行了许多实践，但仍然存在一些问题和不足之处。因此，需要不断地进行技术革

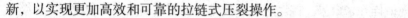

新，以实现更加高效和可靠的拉链式压裂操作。

（2）对于压裂液的设计也是关键的一环。压裂液的组合和配方直接影响到技术的成功与否。目前，虽然已经有了许多成熟的压裂液配方，但仍然存在一些问题，比如对于不同地质条件下的压裂效果如何进行更加精确的评估和预测等。因此，在研究和实践中，需要进一步完善压裂液的设计，以实现更好的压裂效果。

（3）作业参数的选择和调整也是十分重要的。不同地质条件和井筒状态下，作业参数的选择可能会有所不同。因此，需要通过大量实验和实践，不断探索和总结不同情况下的最佳作业参数。只有在实际操作中根据具体情况灵活调整作业参数，才能够取得最好的压裂效果。

（二）智能化监测和控制

智能化监测和控制系统可以通过各种传感器和仪器来收集各个压裂段的压力、流量、温度等数据，并实时传输到中央控制中心进行分析和处理。通过分析这些数据，工程师可以了解每个压裂段的压裂效果，并及时调整压裂参数，以保证压裂效果的一致性和最佳化。此外，智能化控制系统还可以自动化地根据实时监测数据做出调整决策，提高响应速度和准确度。

在智能化监测和控制系统中，核心的技术是裂缝网络的优化。裂缝网络的优化是指根据地质条件和岩石性质，通过调整不同压裂段的施工参数，使得裂缝网络能够更好地覆盖油气层，提高产能。智能化控制系统可以通过模拟和优化算法，根据不同的地质条件和岩石性质，自动化地生成最佳的施工参数，实现裂缝网络的最优化。

通过引入智能化监测和控制系统，拉链式压裂技术可以实现精细化的油气开采。首先，智能化监测系统能够实时监测压裂施工的各个环节和参数，及时发现问题并做出调整，避免因为人为因素引起的错误操作。其次，智能化控制系统可以根据实时监测数据和优化算法，自动调整压裂参数，确保每个压裂段都能够达到最佳的施工效果，提高产能。最重要的是，智能化监测和控制系统能够实现对拉链式压裂技术的全面管理和控制，提高开采效果和经济效益。

（三）结合其他技术应用

（1）水力裂缝导向技术。在传统的拉链式压裂过程中，裂缝的扩展路径是难以控制的，容易导致资源的浪费或者压力衰减。而水力裂缝导向技术可以通过控制注水压力和注水速度，引导裂缝的传播方向，从而更有效地利用储层的油气资源。这种技术的引入能够提高裂缝的连接性，增加储层渗透率，提高产能。

（2）导向钻井技术。传统的钻井技术通常是直线钻孔，容易导致钻井偏离目标层位，造成资源的损失。而导向钻井技术可以在钻井过程中通过改变钻头的方向和倾角，将钻孔准确定位在目标层位上。当拉链式压裂技术与导向钻井技术结合时，可以实现在目标层位上精确控制裂缝的扩展路径，从而提高油气的采收率。

（3）地震勘探技术、物性评价技术等可以与拉链式压裂技术结合的新技术。这些技术的引入可以帮助开采商更精准地了解储层的地质构造和性质，从而在进行拉链式压裂操作时，选择最佳的施工参数和操作策略，提高开采效果和经济效益。

（四）应用领域扩展

拉链式压裂技术是一种先进的油气开采技术，目前主要应用于页岩气和致密气的开采。通过高压注入液体混合物，将油气储层中的裂缝扩展并固定，从而增加了油气的产出率。然而，随着技术的不断发展和优化，拉链式压裂技术也有望在更多类型的油气藏中得到应用。

（1）油砂是一种非常重要的油气储层类型。油砂是指含有大量油砂矿物质的砂岩，其油气储藏主要来自砂粒间的孔隙和油砂矿物质内部的胶结物。然而，由于其非常粘稠的特性，油砂的开采难度较大。利用拉链式压裂技术，可以有效地在油砂层中形成裂缝，并将高粘液体注入其中，提高油砂的开采效率和产量。

（2）水合物也是一个潜力巨大的油气储层类型。水合物是指天然气和水在一定温度和压力条件下形成的固体结晶体，常见于寒冷的海底地区。拉链式压裂技术可以在水合物层中应用，通过高压注入液体混合物，使水合物层

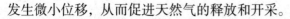

发生微小位移，从而促进天然气的释放和开采。

（3）拉链式压裂技术还有潜力在其他类型的油气藏中得到应用。例如，无论是致密油、页岩油还是常规油气藏，都可以通过拉链式压裂技术增产。这是因为拉链式压裂技术可以有效地扩展储层中的裂缝，将储层的有效面积最大化，提高油气的渗透性和产量。

第四节　爆燃压裂技术

爆燃压裂是利用火药或火箭推进剂等高含能材料在目的层段进行有控制的燃烧，产生高温、高压气体并以弹性波的形式传播至压裂地层，使井筒周围的地层发生破裂，形成不受地应力控制的多条径向辐射状裂缝，消除油水层污染及堵塞物，有效地降低表皮系数，达到油气井增产的目的。

一、技术特征

大量的理论研究和现场实验表明：岩石在遭受外力破坏时，当地层内压力上升时间大于 10^{-2} s 时，地层将沿垂直于最小主应力方向产生一条对称裂缝；当压力上升时间小于 10^{-3} s 时，地层将产生多条径向裂缝；但当压力上升时间小于 10^{-7} s 时，井筒周围的地层将遭受粉碎性破坏或产生压实圈。所以，爆燃压裂技术关键是控制压力上升时间。

爆燃压裂对储层的改造主要包括以下 4 个方面：

（1）机械作用。爆燃压裂过程中压力增加速度快，高能气体瞬间产生的各项冲力大于地层破裂压力值，使裂缝扩展方向不受地应力控制，在近井地带造缝机会均等。

（2）高温高压气体的热效应。产生高温高压气体，能清除近井地带的沥青质、胶质、蜡质堵塞，达到解堵的效果。

（3）酸化作用。燃烧产生的气体中 CO_2、HCl、NO_2、H_2S 遇水形成酸液，这些酸液对岩层产生作用。

（4）水力振动作用。伴随井中液体震荡以及压力波传播、反射、叠加所造成的压力脉动，对地层产生水力振动作用。

爆燃压裂技术存在两个不足：裂缝长度较小，作用效果单一。为克服不足，产生了层间爆炸技术：利用水力压裂技术将炸药压入油气储层裂缝或水平井眼中，并采取相应的技术措施引爆，从而在主裂缝（水平井筒）周围产生大量裂缝，并在地下形成复杂缝网，达到体积改造的目的。

二、技术发展前景

(一) 发展存在的挑战

目前，爆燃压裂技术在油气领域的应用相对较少，其技术研究和发展前景仍存在一些挑战和局限。

1. 安全性考虑

据统计，近年来全球范围内对于能源资源的需求不断增加，这使得爆燃压裂技术成为一种备受关注的能源开采方法。然而，与此同时，人们对于该技术的安全性也提出了更高的要求。

(1) 爆燃压裂技术在操作过程中涉及高能的爆炸反应和爆炸装置的操作，因此必须严格控制风险和确保安全。一旦操作失误或装置出现故障，很可能引发严重的事故。因此，在采用这种技术进行能源开采时，公司和工程师们必须对操作过程进行严格的把关和监控，确保操作人员的安全。

(2) 对于有限水平应力差的地区，应用爆燃压裂技术可能会引发地震活动。由于该技术需要对地下岩石进行爆炸，从而产生裂隙，使得原本稳定的地质层发生改变。如果在地下岩石层存在较大的应力差，这种改变可能会导致岩石层的断裂，从而引发地震。因此，在选择使用爆燃压裂技术的地区时，必须进行详细的地质勘探和地震风险评估。

2. 环境影响

(1) 爆燃压裂技术常常在地下岩石中引发剧烈的能量释放和压力变化。这些能量释放会导致地下岩层发生破碎和位移，从而引发振动波传播到地表。这些振动波会在周围地貌中产生颤动，甚至可能引起建筑物的震动。如果这些振动超过了环境和建筑物所能承受的极限，就可能导致地下水源、土壤结构以及相关地质构造的损坏。

(2) 爆燃压裂技术也会产生较高的噪音水平。在爆燃过程中，由于巨大的能量释放和气体喷射，产生的声波会在周围环境中产生强烈的噪声。这些噪声不仅对附近居民的生活造成干扰，也可能对野生动物的栖息地和迁徙行为产生负面影响。对于某些敏感物种来说，这种噪声干扰可能会破坏它们的交流、繁殖和觅食行为。

3. 岩石破裂效果难以控制

（1）爆燃压裂技术往往难以准确控制裂缝的定向和扩展路径。在注入高压液体和爆炸物质的过程中，岩石内部的应力分布复杂多样，导致裂缝的扩展路径难以精确预测和控制。在实际操作中，即使使用精密的测量和监测设备，也很难完全准确地预测裂缝的扩展方向和距离。这将对油气的释放和流动产生一定的不确定性，从而影响到产能的最终效果。

（2）爆燃压裂技术可能会导致非理想的裂缝网络形成。由于岩石的物理特性和应力状态的复杂性，爆炸产生的能量会在岩石中传播并引发多个裂缝的扩展。然而，这些裂缝并不总是按照理想的网络形式扩展，而可能形成一些错综复杂、交叉重叠的裂缝网络。这种非理想的裂缝网络会对油气的释放和流动产生一定的阻力，从而影响到产能的提高。

4. 法律和规范限制

爆燃压裂技术在一些国家和地区可能受到法律和规范的限制。需要根据具体国家或地区的要求，遵循合规性和规范性的要求，确保技术的合法和可持续发展。

（二）技术发展前景

尽管爆燃压裂技术面临着上述挑战和限制，但随着油气开采需求的增加和技术的不断进步，该技术仍然具有一定的技术发展前景。

（1）技术改进和创新。通过改进和创新爆燃压裂技术的装置和方法，提高技术的可控性、安全性和效果，减少环境影响，进一步拓展技术的应用范围和可行性。

（2）结合其他技术。可以将爆燃压裂技术与其他增产技术相结合，如化学增效剂、水力裂缝导向技术等，以提高开采效果和经济效益。

（3）应用领域扩展。除了传统的油气开采领域，爆燃压裂技术还可以应用于其他非常规资源的开采，如地热能资源开发等。

第五节 液态二氧化碳压裂技术

液态二氧化碳加砂压裂是以液态二氧化碳作为工作介质，通过密闭加压混砂仪器与支撑剂混合后，携带支撑剂进入目的层位进行压裂施工。混砂仪器在一定的压力下将液态二氧化碳和支撑剂混合，利用液态二氧化碳起到携砂和造缝的作用。二氧化碳压裂可以有效避免液体滞留地层，从而消除滞留液体对产出气流的阻碍作用。

一、技术特征

液态二氧化碳压裂相对于传统压裂措施而言，具有以下特征：

（1）具有良好的储层保护性能，对储层伤害小。CO_2 是一种非极性分子，与地层岩石、流体配伍性好。液态二氧化碳无水相、无残渣，对裂缝壁面和导流层无固相伤害，消除了水锁及水敏；同时，当地层中温度超过31.1℃时，液态 CO_2 气化变成气体，无残留，完全避免了对裂缝导流能力的损害。

（2）容易形成缝网。液态 CO_2 黏度低，较冻胶压裂液更容易进入微小裂缝，进而增加缝网的形成。同时，压裂后具有较高的基质渗透率恢复值和较高的导流能力，储层基质、裂缝端面及人工裂缝渗透性好。

（3）对原油具有溶解降黏效果。CO_2 溶于原油，显著降低原油黏度，有利于原油流动。此外，CO_2 溶于水，生成弱酸性碳酸，能抑制黏土膨胀。对吸附天然气具有置换功能，促进煤层气和页岩气的解析。

（4）返排迅速彻底。当温度升高后，液态 CO_2 在地层中气化膨胀，增加地层能量，可以完全不依靠地层压力，增能效果好，返排速度快，在 2～4d 内实现迅速彻底的返排，从而缩短投产周期。

（5）综合作业成本低，经济效益好。实施液态 CO_2 压裂技术时，需要的化学添加剂少，压裂后没有压裂废液，既避免了环境污染，又节约了生产成本。此外，与常规压裂措施井相比，使用液态 CO_2 压裂技术的油气产量高且稳产期长，因而经济效益好。

（6）节约淡水资源，且实现温室气体封存。

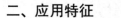

二、应用特征

液态二氧化碳压裂技术应用具有以下特征：

（1）二氧化碳在储存和运输时，必须满足一定温度和压力条件。一般要求压力大于 2MPa，温度在 -20℃以下。

（2）压裂设计需考虑多方面的影响。①压裂设备。液态二氧化碳压裂需要配套的混合砂浆和高压泵注设备。②井深影响。液态二氧化碳的泵注摩阻大于常规压裂液。在深度大于 2200m 时，通常需要使用较大的油管来降低摩阻。③排量的影响。液态二氧化碳黏度较小，无造壁能力，滤失较大，压裂施工的成败与泵注排量密切相关。④支撑剂粒径和浓度的影响。液态二氧化碳的黏度低于常规压裂液，其携砂性能相对较弱。因此，在较深地层（如深度大于 2000m 时），液态二氧化碳压裂应使用粒径较小、较轻的支撑剂。同时，为了防止出现轻微的脱砂现象，必须对砂浓度进行精确控制。⑤管柱的影响。压裂设计时必须考虑油管、套管和封隔器的热收缩和拉应力等因素对二氧化碳相态产生的影响。

（3）施工操作过程的控制。压裂现场操作时，为了有效携砂造缝，二氧化碳在井底的状态必须保持液态。因此，井底温度需要保持在二氧化碳的临界温度（31.1℃）以下，这就需要以大排量注入大量的液态二氧化碳。

三、液态二氧化碳压裂技术的原理

液态二氧化碳压裂技术的原理是基于液态二氧化碳的高渗透性和高溶解能力。其工作原理可以总结为以下 4 个步骤：

（1）注入液态二氧化碳。将液态二氧化碳通过管道注入井口，并将其压力升高到能够满足岩石裂缝破裂所需的程度。

（2）压力建立和能量释放。压力升高的液态二氧化碳会在井筒中产生过高的压力，当压力超过岩石裂缝抗压强度时，岩石裂缝发生破裂并得到扩展。

（3）二氧化碳渗透和溶解。液态二氧化碳进入裂缝后，会利用其高渗透性和高溶解能力渗透到岩石孔隙中，同时溶解其中的天然气和油，改善油气藏的渗透性。

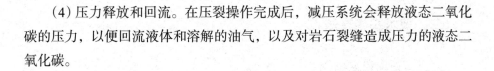

（4）压力释放和回流。在压裂操作完成后，减压系统会释放液态二氧化碳的压力，以便回流液体和溶解的油气，以及对岩石裂缝造成压力的液态二氧化碳。

第六节　高速通道压裂技术

高速通道压裂技术是一种水力压裂同步技术，主要是以较高频率间歇性地泵送支撑剂携砂液和支撑剂凝胶液来促进支撑剂在地层中的异构放置，从而在支撑剂内部创造一个开放性的流动通道，使整个支撑剂填充区形成高速通道网络，将裂缝的导流能力提高几个数量级。

一、技术特征

该技术与常规压裂技术相比，具有以下3个特征：

（1）高速通道压裂技术设计采用特定的工艺方式。高速通道压裂技术通过特定的射孔设计、脉冲式泵注形成通道，并添加专有纤维保持通道稳定。

（2）缝内支撑剂非均匀铺置形态。与常规压裂设计支撑剂均匀铺置不同，高速通道压裂设计缝内支撑剂为非均匀铺置。实验室内，模拟支撑剂非均匀铺置状态，验证该状态对导流能力大小的影响。20/40目石英砂、陶粒在均匀和非均匀铺砂状态下的渗透率，在不同闭合应力下，非均匀铺砂的渗透率是传统均匀铺砂的25~100倍，裂缝导流能力得到显著提高。

（3）支撑剂用量减少，压裂液回收高效，材料成本下降。根据高速通道压裂设计，高速通道压裂单井支撑剂用量比常规单井压裂支撑剂用量减少40%~47%。同时，由于支撑剂用量的减小，压裂液性能要求和用量要求相应得到调整，减少了返排时间，压裂液的回收和循环利用得到加强。因此，材料整体的用量和成本明显下降。

二、技术实施方法

(一) 适用地层选择

高速通道压裂可行性的判断标准是杨氏模量和闭合压力的比值。在高闭合压力和低杨氏模量的地层，很容易造成支撑剂形成的"支柱"坍塌，从而导致通道堵塞，裂缝导流能力极度下降，严重影响产量。通过室内实验及现场经验最终可以将杨氏模量和闭合压力之比 350 作为判断的界限值。

综上所述，在一个地区施工之前，首先应该测定该施工区域的杨氏模量和闭合压力的大小，然后再通过实验研究，验证该地区是否真正适合高速通道压裂方法，从而编制相应的标准来指导施工。

(二) 射孔工艺

常规压裂一般对目的层段进行连续大段射孔，但高速通道压裂则采用限流压裂的多簇射孔工艺，在一长段内进行均匀的多簇射孔，相位和孔密度与常规射孔相同。如高速通道压裂在 25.9m 井段内分 9 簇射孔，每簇射开 1.52m，孔密度为 18 孔/m，一共射 270 孔；常规压裂全部射开 15.24m，射孔数为 300 孔。多簇射孔的目的是在套管上形成多段且较短的进液口，达到筛子的作用，当油管中的液体携带支撑剂段塞高速注入时，在套管上自然地出现分流效果，形成多股独立的液流注入地层，便于支撑剂在缝内形成一个个独立的支撑"柱子"，且在裂缝高度上分布更加均匀，通道的几何形状更规则。

(三) 泵注工艺

高速通道压裂前置液注入与常规压裂工艺一致，主要区别在于携砂液阶段支撑剂以脉冲段塞形式注入，一段支撑剂、一段纯液体交替进行，支撑剂浓度逐级升高。前置液阶段可以泵注冻胶液或者滑溜水，支撑剂段塞阶段采用冻胶混合纤维注入，确保获得稳定的支撑"柱子"。在施工末期，需要尾追一个连续支撑剂段塞，使缝口位置有稳定而均匀的支撑剂充填层。段塞式泵注工艺有利于在裂缝中形成"通道"，纯液体把前一段支撑剂推入地层，

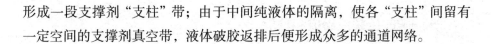

形成一段支撑剂"支柱"带；由于中间纯液体的隔离，使各"支柱"间留有一定空间的支撑剂真空带，液体破胶返排后便形成众多的通道网络。

三、高速通道压裂技术基本原理

在实施常规水力压裂时，支撑剂在人工裂缝内需连续、均匀铺置，形成连续支撑剂充填层，连续支撑剂充填层兼具支撑负载与提供流动路径的功能。然而，实施高速通道压裂技术时，支撑剂以"砂团"形式非均匀地分散铺置，形成不连续支撑剂充填层。在不连续支撑剂充填层中，支撑剂"砂团"形成裂缝的"支柱"，支柱与支柱之间形成畅通的"通道"。众多的通道形成高速通道网络，提高裂缝导流能力。

高速通道压裂技术实施时，开放的通道被柱状支撑剂包围，实现支撑剂不均匀铺置。不连续支撑剂块不作为导流介质，而是作为支柱防止周围的通道壁发生断裂。不连续支撑剂充填层由支撑剂聚合块或段组成，形成离散的高速通道网络，允许流体顺利通过。

高速通道压裂工艺适应性广，可用于砂岩、碳酸盐岩及页岩等各种油气藏，以及各种井型。在某些高闭合应力、低杨氏模量的地层中，高速通道压裂容易引起支撑剂"支柱"垮塌，使通道堵塞、裂缝闭合、导流能力降低。引入杨氏模量和闭合应力的比值作为高速通道压裂可行性判断的关键参数。室内研究和现场试验认为，杨氏模量与闭合应力之比等于350为判断的基础值：比值小于350，高速通道压裂形成的裂缝稳定性差；比值在350～500区间，能够形成稳定的缝内网络通道；若比值大于500，则是实施条件较好的地层。

第七节 液化石油气（LPG）压裂技术

液化石油气（LPG）压裂技术是把以液化丙烷或丁烷为介质的冻胶体系（LPG压裂液）作为支撑剂携带流体进行压裂作业。液化石油气无水压裂技术主要包括LPG压裂液技术、防止泄漏的压裂泵车和高压砂罐等设备、远控自动化施工技术、压裂液泄漏监测技术和LPC回收再利用技术等。

一、LPG 压裂液组成和性能

(一) LPG 的相图

LPG 压裂液以液化石油气为介质。当储层温度低于 96℃时，使用的液化石油气主要为工业丙烷。温度高于 96℃时则主要使用丁烷混合丙烷；100% 的丁烷的临界温度为 151.9℃，临界压力为 3.79MPa，可以应用到温度为 150℃。按照改造储层的温度差异，对 LPG 的液体配方进行优化设计。对于含有丙烷混合相的液体，参考丙烷的相图。在常温、2MPa 压力下为液体，因此为了确保与砂混合后液态和砂能从密闭砂罐进入管线，砂罐内压需用氮气维持在 2MPa 压力以上。

(二) LPG 的理化性质

丙烷相对分子质量为 44.10，沸点为 -42.1℃。常压室温下为无色气体，相对空气密度 1.56。纯品无臭。微溶于水，溶于乙醇和乙醚等。有单纯性窒息及麻醉作用。人短暂接触 1% 丙烷，不引起症状；10% 以下的浓度，只引起轻度头晕；高浓度时可出现麻醉状态、意识丧失；极高浓度时可致窒息。

LPG 为易燃气体，与空气混合能形成爆炸性混合物，遇热源和明火有燃烧、爆炸的危险。与氧化剂接触会猛烈反应。气体比空气重，能在较低处扩散到相当远的地方，遇明火会引着回燃。

LPG 需储存于阴凉、通风的库房；远离火种、热源；库温不宜超过 30℃；应与氧化剂分开存放，切忌混储。储区应备有泄漏应急处理设备。

LPG 一旦泄露，应迅速撤离泄漏污染区人员至上风处并隔离，直至气体散尽，切断火源。建议应急处理人员佩戴自给式呼吸器，穿防静电消防防护服。切断气源，用喷雾状水稀释、溶解，抽排 (室内) 或强力通风 (室外)。如有可能，将漏出气用防爆排风机送至空旷地方或装设适当喷头烧掉。也可以将漏气的容器移至空旷处，注意通风。漏气容器不能再用，且要经过技术处理以清除可能剩下的气体。

使用 LPG 时，一般不需要特殊防护，但建议在特殊情况下，佩戴自吸过滤式防毒面具 (半面罩)。对于眼睛一般不需要特别防护，高浓度接触时可戴安全防护眼镜。工作现场严禁吸烟。避免长期反复接触。

一旦吸入 LPG，须迅速离开现场至空气新鲜处，保持呼吸道通畅。如呼吸困难，给予输氧。如呼吸停止，立即进行人工呼吸和就医。

(三) LPG 压裂液的流变性能

LPG 压裂液需加入稠化剂、交联剂、活化剂和破胶剂等。这些添加剂的组成和配方为相关公司的核心技术，未见公开报道。稠化剂为 6gpt，活化剂为 6gpt，破胶剂交联比较均匀。在加入破胶剂后，90min 内，黏度仍大于 100mPa·s，160min 后彻底破胶。据公司介绍，黏度可在 50～1000mPa·s 之间进行调节，破胶时间也可根据施工要求进行调节；破胶液的黏度为 0.1～0.2mPa·s，远低于水基压裂液 (水基压裂液破胶后黏度要求小于 5mPa·s)；即使为纯水，黏度也为 1mPa·s。因此，LPG 在储层和裂缝中的流动阻力将大幅度降低，有助于返排。

(四) LPG 压裂液的其他性能

LPG 压裂液的密度为 0.51g/cm³；表面张力为 7.6mN/m；返排液黏度为 0.083mPa·s；优于常规压裂液，有助于降低地层伤害和返排。

以丙烷作为介质的 LPG 压裂液表面张力、黏度、密度等特性均较为突出，能够满足高效返排、降低压裂伤害的需求。LPG 低密度的特性减少了静液柱的压力，有利于后期的返排，并可减少施工时的管柱摩阻。LPG 压裂液在压裂过程中 (相对低温、高压) 保持液态，而在压裂结束后地层条件下和井筒中 (高温、相对低压) 恢复为气态，其返排效率远远高于水基压裂液 (返排率往往低于 50%)；同时，基于 LPG 液体与油气完全互溶、不与黏土反应、不发生 "贾敏效应"，其对地层伤害也远小于水基压裂液，从而可以实现最佳的压裂效果，大幅度增加人工裂缝的有效长度，大大提高储层改造效果。

(五) LPG 压裂液回收再利用

水基压裂液返排后的液体需要进行处理后外排和回用，而 LPG 无需特别的返排作业过程，其返排物质能够直接进入油田生产系统并回收 (气相加压液化分离)，实现循环使用。

二、LPG 压裂施工技术

(一) 施工设备

LPG 压裂实行全自动化施工模式。设备主要包括压裂车、添加剂运载和泵送系统、LPG 罐车、液氮罐车、砂罐、管汇车、仪表车等。不需要混砂车，支撑剂和液体在低压管线中混合输送。

1. 压裂泵车

据介绍，LPG 压裂用压裂车是对所购置的水基压裂用压裂车的泵注系统的密封原件进行了改进，以提高耐磨能力，并确保密封性。

2. 砂罐与液罐

砂罐为高压密闭系统，目前的砂罐可装 100t 陶粒。在下部安装 2 个绞龙，与低压管线连接。通过控制绞龙转速调整加砂比。

LPG 液罐通过密封管汇组合连接至砂罐下的绞龙，形成供液系统。

3. 添加剂运载和泵送系统

添加剂运载和泵送系统中分类储存各种添加剂，通过比例泵泵出，连接至供液系统中。泵出控制系统与仪表车相连，由仪表车直接控制。

(二) 施工安全监测

由于 LPG 为易燃液体，易挥发，是易燃易爆气体，现场压裂施工时，LPG 的量也较多，同时施工为高压施工，对施工的安全监测和控制尤为重要。LPG 压裂专用仪表车内的一半空间用于监测井场的温度、气体泄漏等情况，这在水基压裂的仪表指挥车里是不需要的。

1. 施工警戒区域划分

在施工准备期间，按照井场进行合理摆放，并严格划定警戒区域。该警戒区域主要为热感区域及泄漏区，须有明显警戒标志。施工期间，警戒区域内禁止任何人员进入。

2. 压裂车低压吸入口压力监测

LPG 在任何位置泄露都将造成严重后果。每台 LPG 压裂车都在低压吸入口安装压力传感器，该传感器一旦监测有泄漏，须立即停止所有设备的运转，进行整改。

3. LPG 浓度监测

LPG 的浓度达到一定值时，在一定温度下将发生爆炸，同时压裂车的发动机在施工时都在工作，更增加了爆炸的风险，因此应在多个位置放置 LPG 浓度监测设备。浓度测定感应器一般在 20 个以上。

4. 温度测定

为进一步确保施工安全，还应进行红外温度监测，液体泄露会使其周围温度降低。机器运转使自身温度上升，为了便于与环境温度和机器运转正常温度相比较，应采用灵敏度很高的温度感应摄像头进行监测。

为确保施工设备、施工人员以及井等的安全，LPG 压裂施工除了遵守水基压裂的施工规章制度外，还需建立符合自身特点的规章制度。

与 LPG 压裂相关的已存在的工业推荐方法，包括试井及液体处置（IRP4）、易燃流体的泵送（IRP8）、基础安全常识（IRP9）、推荐安全行为准则（IRP16）、易燃流体处置（5IRP18）。

(三) LPG 压裂技术背景

常规油基压裂液多采用成品油作为基液，而 LPG 压裂液的基液为液化天然气，其主要分成是经过分馏的纯度达到 90% 的丙烷和丁烷，在加拿大施工时多采用丙烷纯度超过 96% 的液化天然气。在储层温度大于 96℃时，多选择纯度为 100% 的 HD-5 丙烷作为基液；当温度大于 96℃时，则需要在基液中混入一定比例的丁烷，降低基液的液化难度，保证在整个施工过程中压裂液基本处于液体状态；当温度大于 150℃时，则需要选用 100% 的丁烷作为压裂液基液，同样也是为了保证施工中压裂液保持液态。

与常规水基压裂相同，在不同施工阶段 LPG 压裂工艺所使用的压裂液也有所差异：前置液、顶替液阶段使用 100% 的液态 LPG 交联压裂液，携砂液阶段使用 90% 的液态 LPG 交联石油气压裂液与 10% 左右的挥发性液化天然气的混合液作为基液。所有添加剂（胶凝剂、交联剂）都在封闭系统中通过管线加入压裂液基液中，并在密闭的混砂车内与支撑剂混合。整个过程完全封闭，保证了压裂液从井口注入地层保持单相（液态），与氮气以及二氧化碳干法压裂技术所采用的设备与工艺相同，并且 LPG 压裂液体系具有与常规水基、油基压裂液相似的流变性、携砂能力以及降滤失能力。

和二氧化碳压裂液不同，LPG 压裂液仅具有很低的密度（范围是 0.4～0.6kg/L），约为水密度的一半。通常情况下，$1m^3$ 液体受热气化后可以形成 $272m^3$ 气体，能够促进压裂液的快速返排，据统计 LPG 的回收率高达80%。LPG 压裂液与甲烷（煤层气、页岩气）混合后会立即挥发，与地层原油接触后可以 100% 地溶于原油，降低原油粘度、与储层流体配伍性好、无圈闭伤害。

第八节　多级滑套固井压裂技术

水平井滑套固井压裂技术的提出，主要是针对固井完井工艺，减少射孔措施。该技术将开关式固井滑套选择性地放置在油层位置，固井完成后，利用钻杆、油管或连续油管带开关工具将滑套打开，然后用同一套管柱进行压裂作业。

一、技术特征

多级滑套固井压裂技术较常规压裂技术具有以下特征：

（1）定点起裂。多级滑套固井压裂技术是一种先进的油气井压裂方法，它的特点是将滑套事先预置在套管上，并随着套管的固井过程一起下入井段。因此，当进行压裂作业时，起裂点会沿着预置套管的位置进行压裂起裂，从而实现了起裂点的可控。这项技术的出现为油气行业的井压裂作业带来了许多好处。

①由于滑套事先预置在套管上，能够准确地确定起裂点的位置，从而更好地控制压裂作业的范围和效果。这对于不同沉积层和地质条件下的井压裂作业来说尤为重要，能够确保压裂液体在目标地层中有效地传导和裂解，提高油气产量。

②多级滑套固井压裂技术还可以实现压裂起裂点的多层次控制。通过合理设计滑套的位置和数量，可以实现在井眼中的多个位置同时进行压裂，从而提高压裂的覆盖范围，并最大限度地产生裂缝。这种多级滑套控制的好

处是可以根据油田的实际情况和需要进行灵活调整，以满足不同层位和产量需求。

③多级滑套固井压裂技术还具有操作简便、安全可靠的特点。由于滑套已经预置在套管上，并且随着套管一起下入井内，避免了传统压裂作业中滑套下入井内的繁琐工序。这不仅减少作业时间，还降低作业难度和风险。而且，多级滑套固井压裂技术还可以与其他井下作业工艺相结合，如井筒完整性监测和产能测试等，使整个井下作业流程更加高效。

（2）全通径作业，有效降低施工压力。滑套固井压裂技术将滑套预置在套管上，因此在压裂注入过程中套管内可实现全通径管柱注入。这样可以直接降低压裂摩阻，提高施工安全性能。同时，全通径的作业方式，为水平井后期的改造作业提供了便利的井筒条件。

（3）压裂级数不受限制。由于滑套固井压裂技术为滑套预置套管，且全通径注入施工，因此滑套固井压裂理论上可实现无限级的压裂作业。2014年，美国 Eagle Ford 采用滑套固井压裂技术刷新单次压裂级数的世界纪录，压裂总级数达到92级。压裂施工操作高效，大部分段压裂施工时间少于1h，加入支撑剂总量达 $2.72 \times 10^6 kg$。

二、现场试验情况

加拿大阿尔伯塔中心区域的白垩纪时期的 Glauconitic 层位致密气藏开发过程中有一个水平井分段压裂采用滑套固井压裂的方式进行。为直接对比效果，该井相邻水平井采用裸眼封隔器＋投球打滑套技术压裂。区域内两个垂直井提供井下微地震技术来直接检验两口相邻的水平井水力压裂裂缝扩展情况。

套管滑套固井完井水平井压裂4段，裸眼完井压裂8段。施工排量均在 $3m^3/min$ 左右，泵注程序一致。滑套固井压裂技术可以有效地避免在裸眼完井条件下的压裂裂缝延伸重叠等问题，从而扩展储层有效改造的体积。同时，通过对比两口水平井的裂缝高度发现，固井完井条件下的平均压裂裂缝高度是29m，远低于裸眼完井条件下的86m高度；滑套固井压裂可以在促进裂缝延伸的同时，没有在缝高方向出现失控，这进一步说明滑套固井压裂的有效性。

滑套固井压裂的单条裂缝压后产量具有明显的优势，分析认为滑套固井有效地控制储层的裂缝高度延伸，保障裂缝长度方向上的有力扩展，增大了压裂裂缝对储层的控制，从而使得单条裂缝的产量更高。

三、技术原理

多级滑套固井压裂技术（Multi-stage sliding sleeve fracturing technology）是一种用于页岩气、致密油等非常规油气资源开采的先进技术。它通过在水平井段设置多个滑套，分段压裂并封堵，实现对多个裂缝的控制和增产。

该技术的主要工作原理如下：

（1）井筒设计与固井。首先通过定向钻井技术在地下将钻井井筒水平延伸到目标油气层，然后进行固井作业，将钢管（套管）从井口下放并注入固井水泥，用以固定井壁。

（2）滑套装置设置。在水平井段设置多个滑套装置，这些滑套装置通常由封堵阀门和滑动套组成。滑套装置的数量和位置根据地层情况和设计要求而定。

（3）压裂操作。通过注入高压压裂液（通常是水和添加剂的混合物）来压裂岩石，裂缝会迅速扩展，并与滑套装置的封堵阀门接触。

（4）封堵操作。当压裂液达到滑套装置处时，通过操作滑动套和封堵阀门的开关控制，关闭当前位置上的封堵阀门，阻止压裂液继续通过，同时开启下一个位置的封堵阀门，使压裂液继续向下一个裂缝扩展。

（5）持续压裂和封堵。重复进行压裂和封堵操作，逐个控制和刺激每个滑套装置附近的裂缝，直到整个水平井段的裂缝网络形成。

通过多级滑套固井压裂技术，可以实现对多个裂缝的控制和增产。该技术能够针对不同岩石层段和裂缝性质进行分层压裂，有效提高产能和采收率。与传统的连续压裂技术相比，多级滑套固井压裂技术具有更好的流体控制和裂缝网络的管理能力；同时由于针对性压裂，减少了对水资源和压裂液的使用，有助于环保和节能减排。

第四章　油气长输管道建设施工

第一节　管道线路选择及施工图准备

一、管道线路选择

如何选择最佳线路，即在满足介质输送量及其他要求的前提下，使管道建设的成本最低、效益最高、对环境影响最小、使用及控制更方便，这是管道设计者首先要考虑的问题。在考虑管道长度、经过的地形地貌等自然条件的同时，还要考虑长期多变其他因素的战略要点，在考虑安全可靠性、保护、维护和运行等问题时，不能忽略土地利用、地质条件、水文系统、环境及气候条件、历史人文、生态发展以及社会经济等多种问题。从总的原则上考虑，主要做到以下 7 个方面：

（1）管路应力求顺直，以缩短长度；尽量减少管路与天然和人工障碍物的交叉，并应同穿（跨）越大、中型河流位置相一致。

（2）选线时应考虑管道沿线动力、运输、水源等条件，尽量避开多年生经济作物区域和重要的农田基本设施。

（3）管路应避开城镇及其规划区、工矿企业及其规划区、飞机场、铁路车站、海（河）港码头、国家级自然保护区等区域，必须避开重要的军事设施、易燃易爆仓库、国家重点文物保护区、城市水源区等区域。

（4）地震烈度七度以上地震断裂带，以及电站、变电站和电气化铁路等产生杂散电流的影响区内不宜敷设管道，避开滑坡、塌方、泥石流等不良工程地质地段。

（5）对在山区地段敷设的管线，应在山体稳定的地段通过；管道线路位置应尽量走山的顺坡，尽可能少走山的横坡，这样有利于减少工程土方量，有利于管线的长期稳定性。

（6）管线在山前区与铁路、公路并行时，管线的"过水路面"和防护措

施应与铁路和公路等同或稍大。

(7) 埋地输油管道同地面建 (构) 筑物最小间距应符合下列规定:

①原油、C_5 及 C_5 以上成品油管道与城镇居民点或独立的人群密集区的房屋的距离,不宜小于 15m (埋地输油管道的管道强度设计系数分为两种:大中型穿跨越和站场为 0.6,其他地段为 0.72);与飞机场、海 (河) 港码头、大中型水库和水工建 (构) 筑物、工厂的距离不宜小于 20m;与高速公路、一二级公路平行敷设时,其管道中心距公路用地范围边界不宜小于 10m,三级及以下公路不宜小于 5m;与铁路平行敷设时,管道应敷设在距离铁路用地范围边线 3m 以外;与军工厂、军事设施、易燃易爆仓库、国家重点文物保护单位的最小距离应同有关部门协商确定,但液化石油气管道与上述设施的距离不得小于 200m。

②液化石油气管道与铁路平行敷设时,管道中心线与国家铁路干线、支线 (单线) 中心线之间的距离分别不应小于 25m、10m,与城镇居民点、公共建筑的距离不应小于 75m。

③敷设在地面的输油管道同建 (构) 筑物的最小间距应按上述规定的间距增加 1 倍。

④当埋地输油管道与架空输电线路平行敷设时,其距离应符合现行《66kV 及以下架空电力线路设计规范》(GB 50061-2010) 及现行《(110-500) kV 架空送电线路设计技术规程》(DL/T 5092-1999) 的规定,埋地液化石油气管道,其距离除不应小于上述标准中的规定外,且不应小于 10m。

二、施工图准备

(一) 施工图会审

施工前,施工承包商应先组织施工方内部的各专业人员对施工图预先进行理解、检查、核对,即施工图的会审过程。由于施工技术的可能性和施工承包商的建设经验,可能要对设计提出一些修改意见,施工图会审主要包括以下 9 个方面内容:

(1) 施工图纸是否齐全、清晰,技术说明是否正确,相互之间是否一致。

(2) 各专业图纸对管道安装尺寸、标高、方位、方向的要求是否一致,走向及接口位置是否明确、详细。

（3）管道安装的主要尺寸、位置、标高等有无差错和漏项，说明是否清楚。

（4）预埋件或预留洞位置、尺寸、标高是否一致，有无漏项，说明是否清楚。

（5）管件实际安装尺寸与设计安装尺寸是否一致。

（6）特殊地质、地貌，特殊工程的地质勘察资料是否规范、标准。

（7）设计方提出的工程材料及消耗材料的用量是否满足工程需要。

（8）设计方推荐的有关施工方法对安全施工有无影响，现有施工工艺能否达到设计要求的质量标准。

（9）提出可行的建议和意见。

（二）施工图设计交底

施工图会审后，由业主组织设计、监理、施工承包商共同参加设计交底，这对提高工程质量和效率十分重要。技术交底应有专人负责记录，主要包含施工的工期、质量、成本目标及内容；采用的设备及施工工艺的特点和本工程要求达到的主要经济技术指标以及实现这些指标及采取的技术措施；施工方案顺序、工序衔接及劳动组织和各项工程的负责人等。主要包括以下5项内容：

（1）设计图纸交底。主要内容为设计意图、工程规模、工程内容、现场实际情况、工艺和结构特点、设计要求以及由各方参加的设计图纸会审决议等；对一些工程规模不大、技术要求不复杂的工程，往往把设计图纸交底和图纸会审放在一起进行。

（2）施工组织设计和施工技术措施交底。在施工组织设计或施工技术措施经过审批之后，要向参加施工的有关人员进行设计交底，可以包括施工队长、工长、技术人员、质量检查人员、施工人员、安全人员等，并由他们再向施工班组进行详细的专业交底。

（3）施工中的 HSE 交底。主要包括施工中的 HSE 要求和保证 HSE 目标实现的各项技术措施、具体责任人。

（4）施工质量交底。主要包括施工中各项质量要求及保证质量的各种措施、质保体系的具体责任人。

（5）新设备、新工艺、新材料、新结构和新技术交底。在施工中所采用以往没有使用或使用不多的一些新设备、新工艺、新材料新技术等。

对设计交底、图纸会审的结果要进行处理，处理结果应符合以下要求：

（1）设计应对图纸会审所提出的问题逐一解答并提出相应的处理解决办法。

（2）设计交底，图纸会审议定事项由业主或监理以会议纪要的形式于施工前发送各有关单位。

（3）需对设计进行修改的内容应由设计单位在施工前以设计修改变更通知单形式经业主和监理批准后书面通知各有关单位。

第二节　施工勘测

一、管道的标桩

在清理和平整管道用地后，为了设置管道用地边界，涉及描绘和标记边界，并定位其他管线的位置，要在管沟线设立标桩。每个固定标桩定有一定间隔，并标示出里程。标桩的设置位置就在施工道旁边。在整个施工过程都要进行标桩，可用于随时报告工程的进度和指导施工。这项工作是将施工图纸上的信息转化为施工管道用地的一个过程。

（一）管道施工标桩的设置

在转角桩测量放线验收合格后，施工承包商根据转角桩测定管道中心线，并在转角桩之间按照图纸要求设置线路直线管段，每100m设置一个百米桩。农耕区可缩短标桩距离，在森林区的标桩距离为50～100m；当纵向转角大于2°时，应设置纵向变坡桩，并注明角度、曲率半径、切线长度和外矢距。在螺旋焊接管、直缝管以及钢管变壁厚的各分界点处，应加设变壁厚桩。在改变防腐涂层或防腐措施处要设置变防腐桩。在各种转角的起、止点处设置标志桩，浮力控制设备的位置、间距及数目当采用弹性弯曲和冷弯弯管处理水平或竖向转角时，应在曲线的始点、中点、终点设桩，曲线段中间设置曲线加密桩(≤10m),并应注明角度、曲率半径、切线长度和外矢距。在竖曲线段中挖深达到一定深度时,应同时标出管沟的上口开口宽度边界线。其他额外的信息,比如挖填方要求也要标在标桩上。对于隐蔽工程、防护工程处也应设桩和标志。各种桩可采用片状木桩或竹桩,用油漆注明桩类别、编号,各桩均应注明里程、地面高程、管底高程以及挖深。

(二)管道的转角

(1)当没有地面障碍物情况且转角为3°~10°时,可采用弹性敷设的方式。

(2)当采用冷弯弯管、弧长超过单根管长时,放线时要考虑两弧线之间的直管段长度。

(3)对于定测资料及平、断面图已标明的地下构筑物(区)和施工测量中发现的构筑物(区),应进行调查、勘测,并在管路与障碍物(区)交叉范围两端设置标志。在标志上应注明构筑物(区)类型、埋深和尺寸等。

(4)曲线段应采用偏角法或坐标法测量放线。

(5)施工测量的精度应满足中线测量的导线距离允许误差小于0.1%。方向测量的导线水平转角其一次测回的角度值与原测值相差在±2°之内,转角桩间要求通视良好。高程测量的闭合差小于50mm。

二、管道弯曲的弹性敷设

(一)埋地弹性敷设管道弯曲半径的计算

在管道地形起伏和水平面内需要转弯时,在多数情况下管道可以采用水平或纵向弹性敷设。弹性敷设管道的曲率半径应满足管道强度要求,且不得小于钢管外直径的1000倍。垂直面上弹性敷设管道的曲率半径尚应大于管子在自重作用下产生的挠度曲线的曲率半径。

在管道的转角处,根据设计的不同弯曲形式可采用不同的放线方法,主要分为纵向弹性敷设曲线放线和水平弹性敷设曲线放线两种。

(二)埋地管道纵向弹性敷设放线

当管道需要在纵向进行弯曲敷设时,可以按设计的纵断面图,在实地根据断面地形特点和里程，找到曲线上的起点、终点和中点及其他控制点的实地位置。在这些点上打好桩，并在各桩上注明标高和挖深。然后进行管沟开挖，成沟后将沟底修成平滑圆弧段。

（三）埋地管道水平弹性敷设放线

水平弹性敷设放线方法包括交会法、坐标法和偏角法等，一般采用偏角法。

1. 交会法

在没有测量仪器，且转角不大时采用交会法。具体放线步骤为：

（1）找到管路的转角桩，然后根据切线长和转角，实地确定曲线的起点和终点。

（2）确定加密桩的个数。

（3）设临时木桩并依次编号。

（4）校核曲线误差，要求实际外矢距与设计值之差小于10cm。

2. 坐标法

利用曲线的 X、Y 坐标值放样，适用于地形开阔平坦的地区。

3. 偏角法

当地形比较复杂或曲线较长时，采用偏角法。

第三节　特殊地区的管道施工技术

一、陡坡工程

（一）陡坡地区管道工程特点

在山区和丘陵地区，管线不可避免地要通过陡坡或斜坡。在这种地形中，由于地面高差大，土层和岩层间的差异也较大，管沟开挖后容易把山坡体原始的稳定状态破坏，引起土石下滑；或改变原来的流水状态，使雨水沿管沟冲刷，造成回填土失稳而沿管沟滑动。如果管线不可避免地要通过滑坡区，滑坡未经有效治理可能就会引起土石继续滑动。在自然条件下引发的滑坡特性是多种多样的，这取决于土壤和地下水的条件及地形等多种因素。在这个地段的管道设计，要进行非常严格的现场地质条件的勘查，找到可能威胁管道完整性的任何滑坡的迹象。即使没有明显的不稳斜坡地形，也有可能在管道施工过程中出现使斜坡滑移的不稳定因素。由于坡体的滑动，可能会危及油气输送管线的安全，因此在管道施工工程中，必须对陡坡段管线采用相应的工程措施，以保证管线安全和满足水土保持的要求。

（二）陡坡的稳定问题

影响埋设管道的最不利的斜坡破坏类型是深层破坏，滑体的表面通过管子的下方。当选择一条管道路线时，要避开这种深层不稳定斜坡。所以，管道的设计和施工中要保证穿过这种不可避免的不稳定的斜坡时，管道不会发生移动。

坡体稳定化过程是为加强管道用地的稳定性，包括注意选择弃土处置地以及斜坡的平整。某些管道施工会带来管道用地的不稳定，比如在管道斜坡上的弃土处置以及在陡坡上对原地形的不正确恢复方法。

有大量的证据显示，许多管道用地斜坡的破坏是由于对平整地面产生的多余弃土的不正确放置而引起的。从斜坡的顶端面挖出来的多余弃土有时会沿坡向下推，并放置在斜坡较平坦的地方。在许多情况下，这些较平坦的地方形成了原有滑坡的塌陷区的顶端。平整出来的弃土自重量可沿原来形成的破坏面而引发新的位移，由此所产生的对管道的作用力可能导致管道的破坏。

为弃土选择合适的处置区域以确保不会对坡体的稳定性产生不良作用。由于弃土能够被简单地推到坡下，因此最有效的选择是将弃土区定位于斜坡的底部。但在没有多余空间的地方，有时让弃土远离斜坡，可放置在管道用地内的坡顶背后。在冬季施工时，要注意由于土壤以后的解冻而造成的滑坡现象。

（三）陡坡段管线工程的一般要求

（1）选定管路走向时，尽可能减少管线穿过陡坡。无法避免时，应选择地质条件稳定、岩层倾角较小、坡度较缓的地方通行，避开滑坡、崩塌严重的地方。通过斜坡时宜直上直下，尽量避免在半坡上发生水平转弯，避免在坡度大于20°的斜坡上沿等高线敷设管线，防止坡体滑动造成管线的弯曲、断裂。

（2）斜坡地段由于地层变化大，土层软硬不一，管沟宜浅埋。软弱地基需压实处理，开挖量尽量减少。在斜坡上应尽量减少弯头（纵向和水平转角）用量，使管线受力均匀。

（3）凡坡度大于15°，以及植物不能有效防止水土流失的斜坡应采取工程措施，固定管沟回填土，可分为砌筑挡土墙、护坡、护壁等措施。在自重湿陷性黄土地区，管沟可采用灰土间隔回填，即每10m间隔用灰土回填1m，灰土比例可采用1∶10(体积比)。

（4）恢复管道排水系统和砌筑排水沟，将管沟附近的雨水经排水沟引走。

（四）陡坡地区的管线锚固

在大段陡坡段，若陡坡坡度大于30°，在雨季时回填土要饱和含水。若挡土坎垮塌，引起管沟覆土下滑，土体下滑作用于管线，则会使斜坡上半部管线受拉，下半部管线受压；当管线或弯头不能抵抗外力时，就会产生变形或断裂。土壤下滑力的大小与土壤性质、埋深、密实度、含水量、滑动长度、管线直径和绝缘层性质有关，由于野外条件差别较大，准确计算比较困难，目前的做法是根据坡长及管径大小分段锚固。一般坡长大于25m的管线，采用在坡脚用混凝土或灰土将弯头包裹住固定；坡长大于35m的管线，除下部弯头锚固外，斜坡上每10～20m分段采用锚杆固定。锚杆位置要选在有施工条件的地方，锚杆深度应至原状土或基岩中。也可采用抗滑桩，其特点是破坏滑体少、工期短、省工省料。

（五）陡坡管道的排水和腐蚀控制设计

对埋设管道地表及地下排水的控制设计是管道设计的一个重要方面。在多数情况下，通过采用一定的排水及腐蚀控制措施，能够避免管道一定的腐蚀、管道外露以及坡体不稳定性。分水台地、金属石笼、沟堵或暗沟一般都是为了这一目的而建设的。

1. 分水台地设计与建设

使用分水台地来控制管道用地范围内的地表水是多年来管道行业的标准作法。分水台地由位于斜坡上的浅的填土排水沟组成，之间相隔一定间距，用来收集和导引来自管道用地和管道的地表水流。

过高的坡度梯度会造成分水台的冲刷破坏。分水台地应该以矿质土筑成，尽量减少有机物和雪等混入其中，其顶宽和高度在夏季施工时应约为0.75m；在冬季施工时应为 1m ，以补充溶化时的沉降。分水台地材料的夯实会增强其对腐蚀的抵抗力。下坡梯度应该为 5%，延伸于管道占地的整个宽度，以防止水的流回。分水台地的间距在很大程度上取决于当地的地形和排水系统，间距应该随着坡度的增加而减小。

分水台地可以用"人"字形或对角线的形式来建造。对角线式的分水台地用于已知地形和斜坡的排水方向。"人"字形建造的分水台地在排水方向尚不明确时使用，或者分水台地定位于横跨式斜坡，并且在管道占地的两侧均有边坡挖土时使用。在这两种情况下使用的形式是由于它可以使水从管沟处分流，而不会只积留在管道占地的一侧。

2. 金属石笼

在易于受到水流或集中地表排水严重腐蚀的地区需要一种更加有力的冲蚀保护方法。一种常用的方法是用金属笼组成 (或用金属丝网织成)，并装满石块沿分水台地受到水流冲蚀的上坡侧放置。

金属石笼也用于溪流和河流沿岸来防止坡脚的冲蚀。一般来讲，当所用的石块太小不能用来做防冲乱石挡墙时，就可以用金属石笼来保护堤岸或分水台地。可在金属石笼的下面覆盖一层砾石层或过滤布，形成一个平坦的表面，将金属石笼堆放在一起。

3. 沟墙

地表和地下水会渗入疏松的管沟回填土中，如果渗入量未得到控制，它就能够导致回填土对管道的冲蚀及造成管子暴露。沿管沟以一定间隔安装沟堵或密封渗流屏障有效地堵塞了管沟回填土内地下水的流动，并将其导流出地面，通过地面上的分水台地再将其导引到管道占地之外。

目前，沟堵的改进代替了传统的麻袋屏障的方法，减少手工劳动量。这种设计利用一种斑脱黏土与细沙或混凝土沙的干性混合物。将这种混合物

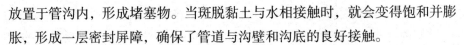

放置于管沟内，形成堵塞物。当斑脱黏土与水相接触时，就会变得饱和并膨胀，形成一层密封屏障，确保了管道与沟壁和沟底的良好接触。

建造沟堵时应注意以下3点：

（1）无论在哪里建造沟堵，都应该立即建造朝向坡下的分水台地，以便将渗出地的水引出管道占地之外。

（2）尽管多数沟堵的位置已标注在图纸上，尤其是在较大的坡地上，但是现场可能会发生变化。如果出现泉眼、松软土壤，则开沟之后应立刻记录管堵的位置。

（3）如果在管沟回填之后需要沟堵，则增加了实施困难，成本也会提高；管沟宽度可能更宽一些，便于沟堵材料的施工。

4. 暗沟

（1）暗沟的结构

有些时候有必要在管道占地斜坡范围内降低地下水的水位，以保证地质结构的稳定性并控制地下水的浸蚀。一种已被证明能有效地控制浅表地下水的方法是挖掘暗沟。

暗沟由埋置于横穿管道占地的管沟内穿孔的电镀波纹状金属管构成，并由渗透率高的粒状填充物敷盖。暗沟的上半部分以当地的细密土壤回填，以阻止地表水的渗入。暗沟穿过管道占地，倾斜到坡下，与管道用地有大5%的向下倾斜度。在其与管沟的交叉点上，有一个沿坡下的沟堵，以防止水流到下面的管沟。

（2）暗沟的建设方法

先挖一条穿过管道占地的上坡坡度为5%的沟道，再用手工方法不断将管沟加深。在某些情况下，使管沟的侧壁呈阶梯状，这样会有利于手工挖沟，以便使滤布滑入沟内。将滤布在暗沟内铺开，再在底部铺垫大150mm的干净的砂砾层。然后将外径一般为219.1mm带孔的管子放置地沟内，使下侧的孔在时钟4点和8点的位置。然后以砂砾回填管沟至距斜坡地表面的0.5m后，将滤布包叠起来，用滤布将砂砾完全包住。以本地的细密土回填到地表并夯实。截断伸出于地面之上的暗沟管，使其刚好位于斜坡表面上，并封闭好管子。暗沟另一端的深度可以根据现场条件而有所变化，一般管沟是3m深、1m宽。管沟开挖时一旦发现有大量渗水，就应该立刻确定暗沟的位置。

发现存在坡体不稳定或腐蚀的区域时，如果存在问题，应立即采取补救措施，平时密切监视坡体的情况。

二、线路截断阀室

截断阀室的功能是截断介质的流动，以便进行各种管道作业。阀室中干线截断阀安装可以是地上安装，也可以埋地安装。如果阀门质量较好，不会经常检修，以埋地安装为好，既减少干线管道出入地面的弯头安装，又可使管道处于嵌固状态，受力状态良好，也方便操作。

管线截断阀宜选用事故紧急截断阀或截止阀。当管线破裂时，阀门上感测装置测到管道内压降速率达到设定值时，阀门就能自动关闭，防止管内气体放空和事故蔓延扩大。输气管线截断阀一般选用球阀。

截断阀室上下游需设置放空管。放空管直径是根据在 1.5～2h 内能将管线内气体放空完毕来确定。一般放空管直径为干管直径的 1/3～1/4。放空管需引出阀室外至少 15m，放空竖管应高出附近建筑 2m 以上，放空竖管基础部分应锚固，竖管应采用钢丝绳拉紧固定。

输气管线截断阀室之间的间距因不同级别地区人口密度不同，对安全可靠性的要求也不一样，因此阀室设置的距离也不相同。截断阀室间距最大值，四类地区为 8km，三类地区为 16km，二类地区为 24km，一类地区为 32km。重要铁路干线、大型河流穿跨越和高速公路两侧也应设置截断阀室。截断阀室应选择在交通方便、地形开阔、地势较高的地方。

三、管路挡土墙及护坡

管路挡土墙及护坡的作用主要是恢复地貌、防止雨水冲刷造成回填土流失，保护管线安全。在管线通过的陡崖、陡坎、陡坡、河渠、冲沟、公路填方区等地方应视情况设置挡土墙、护坡、护壁、排水沟等。

(一) 挡土墙

在陡坡、陡坎地区的管道，因坡度较陡，管沟覆土难以稳定，可以在管沟上砌筑挡土墙，防止填土或土体变形失稳。它所承受的主要荷载是土压力。在公路、铁路、水利、矿山等部门的土木工程中，支挡防护的应用十分普遍。在长输管道水工保护工程中，挡土墙的应用非常普遍。例如，当管线顺陡坡敷设时，常采用挡土墙进行坡脚防护，以防止因坡脚管沟回填土的流失，造成整个坡面管沟回填土的下滑情况出现；当管线横坡敷设时，如果大规模地进行作业带扫线和管沟的爆破开挖，会造成整个上部山体失稳滑塌，因此常采用浅挖深埋的形式通过。为保证管线的正常埋深，多采用沟壁侧挡墙的结构形式对管顶回填土进行保护。管线穿越较陡河沟道的岸坡时，由于受到水流冲刷的威胁，陡岸坡容易坍塌；此时应根据设计水位与冲刷深度等因素，考虑设置挡墙式护岸。在不良地质条件下，作业带的扫线和管沟的开挖等人为扰动，有可能诱发滑坡等地质灾害，设置抗滑挡土墙能起到防止滑塌的作用；山区管道的施工，会不可避免地产生大量弃渣，弃渣挡墙的设置可以避免大量的水土流失；近期的一些管道工程建设的地貌恢复，特别是田、地坎的恢复，也需要不少数量的矮挡墙结构进行堡坎。

虽然挡土墙的应用范围较广，但有时其他设计方案也可以替代挡土墙的功能，一般需经过经济、技术比较后方能确定。此外，由于挡土墙承受土压力，其自身稳定性指标，如抗滑移、抗倾覆、偏心距、地基承载力、自身的抗剪性等指标均需经过验算。而且，一般条件下挡土墙断面尺寸往往较大，相应工程量亦较大，施工要求较高。因此，在设计或选取挡土墙结构尺寸时应考虑全面。

根据所处的位置及墙后填土的情况，挡土墙可分为肩式、堤式和堑式3类。当墙后填土与墙顶水平时，称为肩式挡土墙；当墙顶以上有一定的填土高度时，则称为堤式挡土墙；如果挡土墙用于稳定边坡坡脚，称为堑式挡土墙，又称坡脚挡土墙；设置在山坡上用于防止山坡覆盖层下滑的挡土墙，称为山坡挡土墙。此外，根据挡土墙所处地域条件和作用亦可分为一般地区挡土墙、浸水地区挡土墙、地震地区挡土墙，还有整治滑坡的抗滑挡土墙。现对其使用场合简单描述如下：

（1）肩式挡土墙。肩式挡土墙常应用于管线横切坡面和田地坎的恢复等场合。当管线横切坡面时，受地形条件的限制，管顶覆土厚度往往较薄；为防止坡面汇水的冲刷，从而造成管顶覆土的流失，设置沟壁侧挡墙进行防护。此外，田、地坎的恢复，也往往采用肩式矮挡墙的形式进行堡坎。肩式

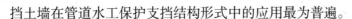

挡土墙在管道水工保护支挡结构形式中的应用最为普遍。

（2）堤式挡土墙。堤式挡土墙常用于隧道弃渣、管道伴行路的防护。由于隧道施工和伴行路的修筑往往产生大量弃渣，堤式挡墙的设置可以约束坡角，最大程度地起到防止渣土流失，节约圬工量的效果。

（3）堑式挡土墙。堑式挡土墙常用于陡峻的边坡坡角。管线顺坡敷设时，管沟回填虚土相对较虚，尚不能与原地貌完全结合，存在下滑趋势；如果坡角因冲刷而失稳，会造成上部整个回填土体的下滑。坡角挡墙的设置会支挡土体的下滑趋势。堑式挡土墙在管道行业中亦较为常见。

（4）山坡挡土墙。山坡挡土墙常用于管线顺坡敷设的截水墙。当管线顺坡敷设时，特别是长距离顺坡，由于坡面汇水的冲刷，极易在管沟处形成汇水沟，长期下去会造成坡面回填土的流失，使管线暴露。地埋式的山坡挡土墙（管道上称之为截水墙），可以起到消能保土的作用。

（5）浸水挡土墙。浸水挡土墙常用于河岸的冲刷防护，也就是通常所说的挡墙式护岸。

（6）抗滑挡土墙。抗滑挡土墙常用于滑坡地段，用以稳定滑动土体。

挡土墙的类型一般按结构形式划分，常见的挡土墙形式有重力式和轻型两种。重力式挡土墙主要依靠墙身自重支承土压力来维持其稳定，以浆砌石为常见，在石料缺乏地区有时也用混凝土修建。在一些特殊地区，也不乏用草袋或土工袋装土的结构形式进行支挡防护。重力式挡土墙圬工量较大，但其结构形式简单，施工方便，而且可就地取材，适应性较强，故被广泛采用。轻型挡土墙常见的结构形式包括悬臂式、扶壁式、加筋式、锚杆式等多种。其主要作用机理是依靠周围岩土的力学特性来抵抗土压力。虽然轻型挡土墙对场地的要求不高，但对施工工艺要求较高，因此普及程度不如重力式挡土墙。

（二）护坡

裸露的天然边坡、人工土坡，如山坡、河坡等常会因受到风雨的侵蚀而造成水土流失，逐渐使坡面受到损害直至破坏。长输管线通过坡面时，常以横坡敷设（平行等高线）和顺坡敷设（交叉等高线）两种埋地方式通过。如不采取恰当的坡面防护措施，都会不可避免地存在因水力侵蚀的破坏作用，而使得坡面水土流失发生，继而会造成管线的暴露甚至悬空，对管线危害较大。水是形成水的破坏力的物质基础，土体和岩体是在坡面水土流失过程中被破坏的直接对象，地形是形成水的破坏力和土体抵抗力的根源。

常用的坡面防护措施有生态防护和工程防护两类。生态防护主要包括植草、土工格室植被护坡、植生带护坡、三维植被网护坡、浆砌石拱形骨架植被护坡、卵石方格网植被护坡。工程防护主要包括抹面、捶面、冲土墙、喷浆护面、锚喷挂网护面、草袋护面、锚杆钢筋混凝土护面、草袋护坡、干砌石护坡、浆砌石护坡、浆砌石护面墙、水泥混凝土预制块护面、勾缝与灌浆、截水墙等。

1. 干砌石护坡

干砌石护坡一般有单层铺砌和双层铺砌两种形式。用于坡面防护的一般为单层式，厚度为 0.25~0.35m。适用于易受地表水冲刷的土质边坡或经常有少量地下水渗出而产生小型溜塌的边坡，边坡坡度不宜陡于 1:1.25。单级防护高度宜不大于 6m。

石料应选用结构密实、石质均匀、不易风化、无裂缝的硬质片石或块石，其强度等级一般不小于 MU25。其强度等级以 5cm×5cm×5cm 含水饱和试件的极限抗压强度为准。片石一般指用爆破法或楔劈法开采的石块，片石应具有两个大致平行的面，其厚度不小于 15cm（卵形薄片者不得使用），宽度及长度不小于厚度的 1.5 倍，质量 30kg。块石一般形状大致方正，上下面也大致平整，厚度不小于 20cm，宽度宜为厚度的 1~1.5 倍，长度为厚度的 1.5~3 倍；如有锋棱锐角，应敲除。

施工要求如下：施工前应将坡面上的溜塌、冲沟、冲蚀等处清除或回填夯实。干砌石护坡厚度一般为 0.3m。当边坡为粉质土、松散的砂土或黏砂土等易被冲蚀的土时，在干砌石下面应设厚度不小于 0.1m 的碎石或砂砾垫层。基础选用较大石块砌筑，其埋深一般为 1.5h（h 为护坡厚度）。基础应置于原土层内，严禁放在软土、松土或未经处理的回填土上。基坑必须及时夯实回填。砌筑石块自下而上进行，不得形成通缝；石块应彼此镶紧，缝间用小石块填满塞紧。

2. 浆砌石实体护面墙

浆砌实体护面墙用于一般土质及破碎岩石边坡，可分为等截面和变截面两种，有单级护面墙与多级护面墙。为了覆盖各种软质岩层和较破碎岩石的挖方边坡，免受大气因素影响而修建的护面墙，多用于易风化的云母片岩、绿泥片岩、泥质页岩、千枚岩及其他风化严重的软质岩层和较破碎的岩石地段，以防止继续风化。在土质边坡的设防中，由于护面墙仅承受自重，不担负其他荷载，亦不承受墙后的土压力，因此护面墙所防护的土质边坡必须符合极限稳定边坡的要求，边坡不宜陡于 1：0.5。

等截面护墙高度，当边坡坡底为 1：0.5 时，不宜超过 6m；当边坡坡底小于 1：0.5 时，不宜超过 10m。变截面护墙高度，单级不宜超过 10m，否则应采用多级护墙，但高度一般也不宜超过 30m；两级或三级护墙的高度应小于下墙高，下墙的截面应比上墙大，上下墙之间应设错台，其宽度应使上墙修筑在坚固牢靠的基础上，一般不宜小于 1m。

施工要求如下：修筑护面墙前，对所防护的边坡应清除风化层至新鲜岩面，凹陷处可挖成错台。对土质边坡应进行夯实整平处理，满足边坡极限要求。护面墙的顶部应设置 25cm 厚的墙帽，并使其嵌入边坡内 20cm，以防雨水从墙顶流入。沿墙身长度每隔 10m 设置 2cm 宽的伸缩缝一道，用沥青、麻（竹）筋填塞。护面墙基础修筑在不同岩层的，应在其相邻处设置沉降缝一道，其要求同伸缩缝。墙身上下左右每隔 3m 设泄水孔一个，孔口大小一般为 10cm×10cm；在泄水孔后面，用碎石和砂砾做成反滤层。护面墙背必须与坡面密贴，墙面及两端砌筑平顺，墙顶与边坡间缝隙应封严。局部坡面镶嵌时，应切入坡面，表面与周边平顺衔接。坡面应平整、密实、线形顺适。局部有凹陷处，应挖成台阶后用与墙身相同的材料砌补，不可回填土石或干砌石。砌体石质坚硬，浆砌砌体必须紧密、错缝，严禁通缝、叠砌、贴砌和浮塞。砌体勾缝应牢固、美观。

四、黄土沟蚀

（一）黄土沟蚀地段的特点

黄土沟蚀是对输油（气）管线工程危害最为严重的侵蚀方式之一。沟蚀又叫线状侵蚀，其形态包括切沟和冲沟两类。切沟和冲沟是对管线危害性较大的又很常见的侵蚀沟。冲沟的几何尺寸大于切沟，冲沟深达十几米至几百米，宽几十米甚至百米；切沟深度一般为10m以内，宽几米至几十米；切沟可以发育在梁、昴坡面，也可以发育在河沟沟岸，长度较小；冲沟的沟岸上常有小的沟谷发育，切沟的沟岸上没有次级的沟谷发育；冲沟是切沟的进一步发展，是现代侵蚀发育的高级阶段。

由于黄土地区土质松散，气候干旱、植被稀少而降雨集中，雨水冲刷侵蚀，冲沟发育迅速。黄土冲沟密布是黄土地貌的特征。冲沟沟壁呈陡坡，高差50~200m，底部呈直壁窄沟，深达20~50m；在雨水径流的作用下，除向沟底纵深和两壁侵蚀外，沟头溯源侵蚀尤为强烈，致使黄土塬、梁受到严重破坏。管线在通过黄土冲沟时，处理工程量大，如不采取任何水保措施，沟底土的流失必然会造成管线的逐步暴露甚至悬空；水流携带的块、卵石会对管线形成撞击作用，严重时会使管道变形或断裂。水流对岸脚的侧沟作用，会使岸坡的坡度增大，造成沟岸因重力作用而垮塌，使沟岸扩张。爬坡段管线埋深较浅，很容易裸露。因此，黄土沟道的防护主要从岸坡的治理和沟底防冲刷两方面入手。

(二) 黄土冲沟的防护

(1) 选线时应尽量减少穿过黄土冲沟；必须穿过时，宜从沟头或沟尾通过。一般沟头切割较浅，沟尾已趋稳定，处理工程量小；而沟中段深度大，侵蚀强度高，工程处理难度和数量都较大。通过黄土冲沟应选择沟壁较缓的地方，并应垂直于斜坡直线敷设，这样会减少斜坡段长度和管线横向受力的机会。

(2) 黄土陡坡段应尽量减少开挖工程量，在陡坎处宜采用打斜井的方法开沟，以减轻管线施工对原始稳定陡坎的扰动。斜井敷管后采用灰土捣实回填，上部还要建筑排水沟、截水沟，防止雨水沿斜井侵蚀破坏。冲沟底部切割较深的地方宜采用低跨结构通过。跨越基墩需远离沟壁，以保证管线运行期间的安全。跨越基墩可采用灰土压实。冲沟底部较浅处可采用穿越方式通过。

(3) 在冲沟头部通过的管线采用压实灰土筑堤，以形成抗冲蚀能力较好的土堤，阻止冲沟溯源侵蚀，宜将管线埋设在土堤上游。在穿越冲沟下游时可采用浆砌片石堡坎和迭水坎，防止冲沟继续向下切割。从穿越点上游一定距离处开始修筑排水沟、挡水坎，将水流引至管线以外，防止穿越点处继续下切。

(三) 岸坡防护

（1）截水墙的设置。由于黄土沟道的岸坡较陡，从施工便利的角度出发，应采用一些轻型结构的截水墙进行消能防护，如灰土夯实、固化土或木板结构等。

（2）坡角的防护。为防止汛期来水对沟道坡角的侵蚀，通常采用水密性较好的浆砌石结构进行护角。

（3）坡面的防护。传统的黄土坡面防护采用的是灰土夯实护面，由于其对环境污染较大，施工较难，因此已很少采用。目前常用的坡面防护措施是用合成材料与植被技术相结合的植生带轻型结构，具有环保、实用等特点。

五、冻土地区

(一) 冻土地区对管道工程的要求

所谓冻土是指凡含水的松散岩石或土体，当其温度处于0℃或负温时，其中水分转变成结晶状态（即使是一部分）且胶结成松散的固体颗粒，则称为冻土。冻胀力、热融沉陷、融冻泥流都会给管道带来危害。所以，在冻土地区建设管道工程，首先在设计和选线阶段应将管线布置在不冻胀或弱冻胀的地基上面。其代表地貌有基岩裸露的坡地；风化残积层很薄或以碎石、砾石为主的残积层；河流冲积的高阶地等地段。一般在现场踏勘时可遵守以下6条：

（1）管线场地应尽量选择在地势高、地下水位低、地表排水良好的地段。

（2）当需做管架时，应正确判断土的冻胀类别，合理确定基础深度，使之受力层坐落在稳定的地基土上。

（3）管道工程的敷设不应干扰原来的地基土的冻结情况。

（4）不论常温或高温，管道在冻土地区均应加强保温。

（5）当管线布置在不连续分布的多年冻土间的季节冻土区时，这些冻土区的冻土深度较一般季节性冻土区的深度要深，因此在这些地区布置管道前，要先了解当地的土壤冻结深度，临近地区的冻深只能作为参考。

（6）不论常温或高温，均应考虑管道热胀冷缩的应力消除措施。

（二）冻土地区管道的敷设方式

冻土地区的管道敷设可分为地上式和地下式两大类型。地上敷设根据其支承结构的不同，还可分为架空敷设、地面敷设和垫基堆土敷设。地下敷设则可分为地沟敷设和埋地敷设。权衡这两种敷设方式，在多年冻土地区管道工程采用地面敷设较为合适，这样易于保持土壤于冻结状态。但根据经验，当冻土深度小于 1.5m 时，公称管径 DN ≤ 300mm 的常温管线采用埋地敷设较为适宜。

（三）冻土地区管道敷设的注意事项

（1）对于长距离常温输送管道，当冻土层不太深时（建议以 1.5m 考虑），在保证不冻结的情况下，应优先考虑埋地敷设。

（2）管道流速除高温管道外，可较一般地区大些，以利防冻。

（3）当管道含有水分时，坡度应尽量大些，一般不宜小于 1%。

第四节　长输管道基本施工方法

一、管道的储存、装卸与布管

（一）管道的储存与运输

各种管子一般应集中在距施工占道一定距离的场地。储存管子时，必须在管子的下面加上支承来保证其不会陷入土中，同时要考虑重力的分布以防止管子压扁或变形。另外，要注意管子坡口内、外表面的防腐。预留所需的一定的间隙以利于人员、牲畜和野生动物通过。安排这些管子就位时，还要考虑在外送时较为容易地按次序调出。管子在管道制造厂内制造好后，要通过各种方式运达施工场地。在运输过程中要特别注意对管道的保护，因为一般管已在管道制造厂进行了防腐处理，所以这一阶段稍不注意就可能造成管道的防腐层的破坏，特别是与吊缆相接触及接头等处容易划伤，应采取特殊的预防措施防止损坏钢管及其防腐涂层。一般采用装有侧起重臂或其他起重设备的吊管机、卡车来装卸管子。在装卸管子时必须小心地选择合适的吊钩，把吊钩钩在系于管端的缆绳上起吊。吊钩的设计及尺寸必须能够很好地分散起吊压力。装卸特重管时，应在缆绳间装上撑杆以减少起吊的水平分力。另外，还要注意在运送已涂有防腐层的管子时，卡车上的横梁要足够宽，以正确支承管子，同时还应在装车用的紧固链和防腐管之间加个垫。在管子的全部装卸过程中都必须注意防止压凹、压扁管子或造成其他损伤。这些措施包括在钢管和吊链之间加橡胶或者合适的材料垫，使用铺垫片和防水油布覆盖钢管，等等。注意在管沟石岩爆破完成之前不能布管。在极不平的地段或山区管子的运送和卸放也并非一件容易的事，必须采用其他方法才能把管子运送到位，如用架设专用的高架吊缆或用直升飞机进行管子的运送和布管。

(二) 布管

按照管道在该段的设计用量对管道进行依次的分配即为管道的布管作业，一般管道的摆放方向应与管沟或施工线路有一定的斜度，这样既能在一定的范围内布放规定的管段数量，减小了占地面积，又能给施工作业人员与设备留出一定的作业地带，同时还注意给周围公众的通告并留有方便快捷的交通便道。在自然环境保护区及野生动物生活或活动区，也要留有足够的穿越通道，便于动物的活动或迁移。有时管子可用运输卡车沿施工带运送至现场后即直接进行布管。在陡坡及泥泞地区时就要用专用布管道机。布管的操作顺序没有固定的规律，由当地的条件和建设者的选择来定。有时在挖沟前布管，有时在挖沟后布管。挖完的沟应尽可能缩短敞开的时间，因为敞开的管沟会受到塌方、雨水及外来物落入其中；重型布管车沿沟边通过时还易造成管沟的塌陷。为减少这种情况的发生，布管一般是在挖沟前进行。若需爆破成沟，布管工序必须拖后，以免对管子造成损害。

布管作业队应配备包括起重机、布管用吊管机、钢管运输车、牵引车、客货两用车和施工人员的运输车和各种装备。运输卡车的数量取决于所布管距离和当日作业的要求。在泥泞区域的运输应采用特殊的运输车。在布管过

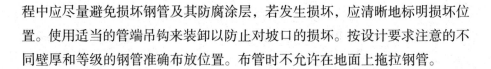

程中应尽量避免损坏钢管及其防腐涂层，若发生损坏，应清晰地标明损坏位置。使用适当的管端吊钩来装卸以防止对坡口的损坏。按设计要求注意的不同壁厚和等级的钢管准确布放位置。布管时不允许在地面上拖拉钢管。

二、对口作业

对口作业是把一段管固定就位并将其连接在已接好的连续管段上的过程。这一作业过程在管线敷设中占有重要地位，是保证管道工程质量和施工速度的一个重要环节。如何选择合理的施工组织方法、良好的焊接工艺和严格的质量检查程序与方法，对整个管道施工进程具有重要意义。

正确的对口作业过程要求管端位置准确，管子端面间允许的间隙因焊接方法而异，任何情况下，管周的间隙都必须均匀。对正管端时，要保持管端平稳以达到要求的间隙。对正后，夹紧管端并加以固定，然后进行焊接，直至对口连接好，确认对接处具有足够的强度后，才可以将管子放在垫块上，然后向前转移动并开始焊接。当把夹具去掉后，再把这个接口继续焊完。

小管的对口钳是外对口型的，大管子总是内对口型的。外对口钳是由连接钢构架内的短钢棍组成的。钢架一侧为铰接，另一侧装有快速压紧装置。对于内对口器，先将内对口器放入已焊成的管线管口内，然后将操纵杆穿过待接口的管子，调整吊管机将管口对正，对口间隙由厚度垫片控制。将空压机风管或液压管和操纵杆相连，支撑臂胀开，胀力作用下，两管口被胀紧和对齐。经检查合格后即可进行根焊，这样即完成对口工作。定位焊后，反向转动操纵杆，松开撑臂，对口器在行走装置的作用下驶至管口，自动停车到达下一工作位置。内对口器适用于管长不超过24m的管线对口，它的操作动力分为气动、液压和手动。内对口器可以在管内行走。对气动内对口器，行走时要通过快速接头卸下供气软管。内对口器同时可担任椭圆度0.2%以下的找圆工作。

内对口钳装有模块或调整楔，操作时向外胀，顶住管内壁。使用内对口钳时，将其放在已连接好的管端开口端，而要接上去的管子则套在对口钳操作手柄以及对口钳露出部分上。要连接的管子套在内对口钳上后，控制预紧管内表面膨胀块的动作，即可完成对口工作。焊完时，若管口能连接在一起，即放松对口钳，把内对口钳推向前去，并在移动中把管子刷净。

　　焊接的时候也可以用对口钳来纠正管头上轻微的不圆度。除此之外，对口钳还能形成光滑的内表面，使焊口无错口，即使因厚度的差别而不可避免地造成错口时，也会把错口平均地分配于管周。连接不同壁厚和不同直径的管子时，可将厚壁管开内坡口使连接处内径相等，也可提供连接不同内径管子的预制过渡管段。

　　对口前应再次核对钢管类型、壁厚及坡口质量，所有参数必须与现场使用要求相符合。除接头和弯头（管）处外，管道对口器组对宜采用内对口器。为保证起吊管子的平衡，起吊管子的尼龙吊带应放置在活动管已划好的中心线处，其活动管子的轴线应与已组焊管线的轴线对正，这样可以方便、快捷地进行管子对口。

第五节　管道的质量检验

一、焊缝的一般要求

　　常见的焊缝缺陷分外观缺陷和内部缺陷。外观缺陷可用肉眼观察到，内部缺陷需通过设备、仪器才能检查出来。焊缝缺陷影响焊缝有效截面面积，使焊缝金属的强度降低。裂纹缺陷还造成应力集中，有可能造成断裂。焊缝主要缺陷是咬边、未焊透与未熔合、夹渣、气孔和裂纹。其中，焊接裂纹是焊接中不允许出现的一种严重缺陷，应采取措施予以防止。输油气管线焊接中经常出现的裂纹是冷裂纹，防止的有效措施是选用低氢型焊条，严格按照使用说明烘干，避免在雨、雪、雾气候条件焊接，采取焊前预热、焊后保温缓冷或焊后热处理等方法。

　　一套完善的管道质量检验体系，是管道今后能满足生产需要和安全运行的基础。质量缺陷是多样的。为了确定缺陷对管道的安全影响，减少和防止这些缺陷的产生，必须在整个管道建设过程中采取不同方法及时查明缺陷的大小、位置和性质，判断其严重程度，分析其形成的原因，并提出处理的意见和方案。

　　常用的检验方法有检查容器表面的宏观检查、检查原材料和焊缝表面和内部缺陷的无损探伤检验、检查原材料和焊缝化学成分和机械性能的破坏性试验，以及检查容器宏观强度及密封性的耐压试验和气密性试验。

无损检测新技术在不断地发展，如超声—声发射技术、热红外检测技术、漏磁—涡流联合检测、电磁—超声检测、激光—超声检测等。已进入工业领域开始实际运用的技术主要有高能射线探伤、X射线照相技术、射线探伤层析技术（CT）、中子射线检测、超声自动检测系统。

每个焊缝都要有焊缝编号，这为将来（比如在管线检验中）对每条焊缝或管接头的探测做好准备，同时焊缝编号也记录在每张射线照片上。在施工图上标出所有细节和尺寸或者确认人员的修改情况。

二、管道的无损探伤

无损探伤是利用声、光、热、电、磁和射线等与物质的相互作用，在不损伤管道使用性能的情况下，探测其各种宏观的内部或表面缺陷，并判断缺陷的位置、大小、形状和种类的方法。

无损探伤是一门综合多种学科的应用技术，在制造和使用石油化工设备过程中起着十分重要的作用。几乎在每一个工业国家，都有无损探伤人员的教育和资格认定体制。我国常规的无损检测方法有5种：射线探伤（RT）；超声波探伤（UT）、磁粉探伤（MT）、渗透探伤（PT）、涡流探伤（ET）。

按探伤所使用的射线种类不同，射线探伤可分为X射线探伤、γ射线探伤和高能射线探伤3种。由于其显示缺陷的方法不同，每种射线探伤检验又分为电离法、荧光屏观察法、照相法和工业电视法。射线探伤可以得到直观的检测结果，易做永久性的保存，展现出检测材料缺陷性质，可以对多种材料检测，对工件中体积形缺陷（气孔、夹杂物等）具有较高的检出率，但不适合几何形状复杂的工件。与其他方法（如超声波控伤）相比，射线探伤对微小裂纹和夹层之类的缺陷不易检测出来，必须考虑对射线的防护措施，而且生产成本和检验周期高于其他方法。

第六节 管道的穿越与跨越

一、管道的穿越

(一) 铁路及公路的穿越

1.无套管穿越

确定是否采用无套管穿越必须仔细考虑无套管管道所承受的应力以及与防止带套管管道腐蚀有关的潜在困难,管道能否克服其在穿越铁路和公路所承受的应力和变形。穿越管应尽可能取直,在整个穿越段内应有均匀的土壤支承垫层。尽量使其与周围土壤之间的空隙最小。穿越位置应尽可能避免在潮湿或岩石地带及需要深挖处。管线与其邻近构筑物或设施之间的垂直和水平净距,必须满足管线和构筑物或设施维护的要求。

无套管穿越下的输送管将承受由输送压力而产生的内部荷载及由土层压力(静荷载)和火车或公路交通(活荷载)产生的外部荷载。由于季节变化引起的温度波动可能会导致出现其他荷载;由端部效应而产生的纵向张力;与管线操作状况有关的波动;与专用设备有关的异常表面荷载,以及由各种原因引起地层的变形,如土壤收缩和膨胀、冻胀、局部动摇、附近区域爆破及由邻近挖掘引起的管道基础损坏,还包括由于温度变化而产生的管子应力。

2.有套管穿越

适用于做套管(包括纵向拼合套管)的材料包括新的或用过的管子、轧钢厂中不合格的管子或其他可用的钢质管材。套管可以是裸管或带涂层。套管的内径应足够大,以便安装输送管,还应为维持阴极保护提供适当的绝缘以及防止外部荷载从套管传递到输送管上。套管的公称直径至少应比输送管公称直径大二级。如果不能满足要求,应采取增加套管埋深、提高套管壁厚、稳定凹填或其他可行的方法。套管内应无堵塞物,尽可能取直,并在穿越的整个长度内有相同的垫层。采用钻孔安装套管,其钻孔孔径过盈量应尽量小,以减少套管与周围土壤之间的空隙。钢质套管应完全连接,以确保穿越段输送管从头至尾得到连续的保护。在安装套管的地方,套管端部应超出

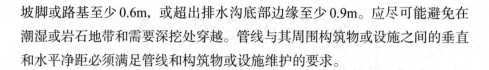

坡脚或路基至少0.6m，或超出排水沟底部边缘至少0.9m。应尽可能避免在潮湿或岩石地带和需要深挖处穿越。管线与其周围构筑物或设施之间的垂直和水平净距必须满足管线和构筑物或设施维护的要求。

(二)铁路及公路的开挖与非开挖穿越

1.开挖穿越

开挖穿越工作应按交通运输中断的最短时间来计划。在开挖施工时，应按照有关职业安全和卫生规范的要求对管沟设置边坡。管子应铺设在管沟中心处，以使管子与管沟两侧的净距相等，沟底应平整。在整个穿越长度内，管道应有均匀的垫层。

回填应充分夯实，以防止被穿越设施沉陷损害。回填应分层进行，每层厚度不大于305mm（指未夯实厚度），并应将管子上方及周围土壤彻底夯实，使其与周围土壤的密度相同。用原土回填（或选用代用回填材料）必须能达到要求的密实度。被开挖的铺砌路面应按照要求迅速恢复。

2.非开挖穿越

当管道线路需要穿越其他设施、结构或水域时，通常需要进行专门的设计，包括图纸的设计。此类穿越的设计还需要得到被穿越设施的业主的同意或者得到有关主管部门的审批。通常对于公路穿越、铁路穿越或与其他管道线路、埋地设施、架空设施（电线、电话线）的穿越，河流穿越与水道穿越都需要进行上述程序。在穿越铁路和公路时，可以用顶管法、冲击挖掘法等多种方法。采用哪种方法，这要取决于穿越的各种条件，如穿越点的地理环境、施工条件、技术方法、使用设备及经济等多种综合因素。

由于挖掘的孔径要大于穿越管道的直径，因此在施工前，需事先得知或规定要钻的孔径。管道穿越钻孔通常用钻头进行，钻头在套管之前，钻头直径比管径大，其值不大于51mm。若改进上述方法，比如缩小钻头尺寸，并在管子或套管前端焊上加强环，以利管子跟进，能大大减少超挖量。过量挖掘的降低将减少对周围土壤及其上面设施的干扰，同时能降低管道的土荷载。但降低过量挖掘通常将会增加管道前进的摩擦力和粘附力。因此，在具有适当端部承载墙的发送坑内使用轨道式设备，以提供足够的顶进力。对于长距离或敏感区穿越使用膨润土水泥浆润滑被顶管可能有助于穿越施工。

（三）河流的穿越

所谓河流穿越就是利用一系列特殊的穿越设备，使管道从障碍下方穿越。不管是大河流还是长距离的沼泽地，都必须采用特殊的程序和设备来进行。如对较大河流的穿越，一般采用固定的或者安装于绞车的牵引钢绳将钢管拉过河流。根据需求配备足够的吊管机把已经进行过混凝土覆盖保护的钢管运至河岸边，然后将这些管段预先焊接成一定长度的管道；如果河流不太宽，且有足够的焊接用地，这样的管道长度可比河流的宽度要长。也可在管道段进入河道以后，根据工作空间和设备的情况进行二次焊接。也可以使用大型的吊铲抓斗机、反铲机等来进行管沟的挖掘，这要根据水深度、河水流速和河床地质状况决定采取何种挖沟及回填方式。

管道在长距离沼泽地的穿越是利用浮桶支承或类似浮力支承物把混凝层的钢管拉到指定地（在已挖好的管沟上方），然后将水注入管道内，管道沉入管沟内，再把这些浮力支承物体在管道取掉。管沟的回填采用反铲机、吊斗铲等装备进行。当挖掘深度较深时，可采用安装于驳船上专用挖掘设备进行挖沟及之后的回填。

（四）非开挖穿越

一般河流穿越的方式采用的是河道的表面开挖，但随着对环境保护的不断重视以及穿越技术水平的提高，现在的定向钻穿越技术的应用已经十分普遍。这种方法的优点是不会破坏河堤及其沿线的生态环境，所以不会因挖沟产生大量的河淤泥及对河床的破坏，对水中生命体影响很小。由于施工占地大大减少，所以只需在两岸放置专用穿越机械。大大减少整个工程量，为管道的穿越节省大量的时间。但管道的定向钻穿越需要有更高的技术手段，有时一旦失败，必须采用开挖方式，反而增加成本。同时，需要采用高成本的钢管，其防腐层应耐磨（对防腐的破坏不易检查），以利于拖拉穿越钻孔。

（五）水下管道稳定保护结构

水下管道除受水流冲击作用及静水压力以外，还同时受到一个向上的附加浮力。浮力可能是河水、原有湿地积水、冰雪的融化形成的水、洪水、地下水或地下水位的升高而产生的对管道的作用力。为了克服浮力对管道产生的影响，必须采取一定措施来保证管道的稳定性。浮力控制可以采用回填法、机械锚固法和加重块法等方法将管道稳定在特定的位置。

水浮力与管线外直径、水的容重和流速有关。要保持水下管线的稳定，必须保证管身结构有足够的重量，使管道能克服水流的冲击及给它施加的浮力。一般均采用不同的结构增加管道自身重量来稳管。常见的稳管结构有厚壁无缝管、机械锚固、铁丝石笼稳管、散抛块石稳管、加重块、混凝土连续覆盖层稳管、装配式加重块连续覆盖层稳管、覆壁管、挡桩稳管等方法来抵消浮力及保护管道。

二、管道的跨越

(一) 跨越结构简介

1. 型管道跨越

Ⅱ型管道跨越是一种适用于小型河流的跨越，型式简单，不需要支架。它充分利用了管道自身的支承能力，外形类似管道Ⅱ型温度补偿器，实属于折线拱结构，管道架设除了使用两个弯头以外，其余都是直线管组装，结构简单，施工方便，造价低。这种结构用于小跨度沟堑或小河的跨越十分广泛。

2. 轻型托架式管道跨越

轻型托架式管道跨越，也称为下撑式组合管梁。它利用管道作为托架的上弦，下弦拉杆一般是采用型钢或高强度钢索。其腹杆采用钢管制成三角撑，形状为正三角形或倒三角形，一般采用正三角形；在风速较大的地区，采用倒三角形则有较好的刚度，使用高强度钢索并施加预拉力以减小管道弯曲应力及挠度。

3. 桁架式管桥

桁架式管桥是利用管道作为桁架结构的构件，用两片或两片以上的平面桁架组成三角形或矩形空腹梁结构，结构刚度大，有良好的稳定性。

4. 梁式跨越

跨越中小型河流，当其常年水位较浅，河床地质情况较好时，允许在河流中设置基础，可考虑采用单跨或多跨连续梁结构，跨度可根据河床地质情况及管道自身强度布置，必要时可采用托架或桁架结构等加强措施。

5.管拱式跨越

管拱式跨越是利用将管道制成近似抛物线形状，使其与管道由于自重及介质重量引起的压力曲线相接近，使管拱的弯曲应力降低，从而增加管道的跨度。在实际工程中，为了施工方便，通常将管道制成圆弧折线拱或抛物线折线拱，尽量使它近似于均布静载作用下的压力线。这样管道截面上弯矩较小，扩大了跨越能力。采用单管拱时，为增加跨度，可在支座处加侧向支承，以加强侧向稳定性。也可将多管组装成组合拱，形成桁架式管拱，其跨越能力可达到100m以上。

6.吊架式跨越

吊架式主要特点是使输气管道成一多跨连续梁管道，并且能利用吊索来调整各跨的受力状况，主要用于跨度较小、河床较浅、河床工程地质状况较好的河流。

7.大跨度悬缆式管道跨越

悬缆式跨越主索与输气管道都成悬垂线形状，用等长的吊杆相连，跨越两端采用塔架支撑，类似于架空电缆。

8.大跨度斜拉索管道跨越

斜拉索跨越采用多根密集的钢丝绳斜向张拉管道，两端用塔架作为其支座，管身结构可看作一个具有分布质量和无限自由度的结构体系，设置斜拉索使一根柔性管道梁的简单体系变成一个具有高次超静定的复杂体系。在不同周期的气流干扰力作用下，每根斜拉索各自以不同的局部频率振动，使管道的振动发生复杂的干扰，从而使管道的振动能量散逸和衰减。斜拉索适合于大管径管道跨越大、中型河流。

9.大跨度悬索式跨越

悬索式跨越是由两根主索作为主要受力构件，承担结构体系的垂直荷载，采用均布的吊索与管道及桥面系统相连，这种结构在国外管道工程中运用较多。

(二) 跨越技术发展展望

如今随着设计技术不断改进和制造工艺的提高，人们在几种基本形式的基础上，不断地提出各种革新方案。例如，悬索结构增加下稳定索并进行预张拉，以加强结构整体刚度；采用悬索结构和斜拉索结构混合体系，以充分利用两者的优点；等等。当然，管道跨越还存在一些有待解决的问题，如管道在地震区的抗震性能评价及管道可靠度评价，清管时清管器对管道跨越引起的冲击力，等等。

第五章　油气长输管道安全技术

管道运输是最安全、最经济的油气输送方式。目前，油气长输管道已经成为继铁路、公路、海运、民用航空之后的第五大运输行业，我国已初步形成"北油南运""西油东进""西气东输""海气登陆"的油气输送格局。油气具有易燃、易爆、有毒等特点，一旦管道输送系统发生泄漏，容易引起火灾、爆炸、中毒、环境污染等恶性事故。特别是在人口稠密的地区，此类事故往往会造成严重的人员伤亡及重大经济损失，同时会带来恶劣的社会影响。因此，保证长输管线的安全、平稳运营就是保证国家经济建设平稳、健康、快速地发展。

第一节　油气长输管道安全概述

一、我国油气长输管道的发展

长输管道是指产地、储存库、使用单位之间的用于运输商品介质的管道。通常，管道根据不同的特性有各种不同的分类方法。根据管道承受内压的不同可以分为真空管道、中低压管道、高压管道、超高压管道；根据输送介质的不同可以分为燃气管道、蒸汽管道、输油管道、工艺管道等，其中输油管道又分为原油输送管道和成品油输送管道，而工艺管道又以所输送介质的名称命名为各种管道；根据管道使用材料的不同可以分为碳钢管道、低合金钢管道、不锈钢管道、有色金属管道（如铜管道、铝管道等）、复合材料管道（如金属复合管道、非金属复合管道和金属与非金属复合管道等）和非金属管道。

国外的成品油管道是面向消费中心和用户的多批次、多品种、多出口的商业管道，管道运行自动化管理水平较高，已实现运行参数、泄漏检测、混油浓度监测、界面跟踪和油品交割的自动控制。国外先进的原油管道技术的发展主要有以下特点：普遍采用高效加热炉、节能型输油泵及密闭输送工艺；运用高度自动化的计算机仿真系统模拟管道运行和事故工况，进行泄漏检测，优化管道的调度管理；对现役管道定期进行安全检测和完整性评价。

而输气管道正朝着大口径、高压力方向发展，并不断研制、采用新材料、新技术、新工艺。国外输气管道技术的发展主要有以下几个特点：增大管径；高压输送；广泛采用内涂层减阻技术，提高输送能力；采用高钢级管材；完善调峰技术；提高压缩机组功率。

二、油气长输管道危险性分析

(一) 储运介质危险有害因素

原油是从油田开采出来未经加工或经初步加工的石油，是一种有黏性而呈黑褐色的易燃液体，主要由碳（C）、氢（H）、氧（O）、硫（S）、氮（N）5种元素组成。其中，碳含量占85%～87%，氢含量占11%～14%，两者合计占96%～98%，碳氢比（C/H）为6.5左右。碳和氢以不同的数量和方式排列，构成不同的碳氢化合物，简称"烃"。

(二) 储运工艺危险有害因素辨识

长输管道不仅距离长、输送压力高、工艺复杂、介质量大，而且输送的介质具有易燃、易爆危险性。在设计、施工、运行管理过程中，可能存在设计不合理、施工质量问题，腐蚀、疲劳、管道水击等因素会造成输油泵、压缩机、储罐、阀门、仪器仪表、管线等设备设施及连接部位泄漏而引起火灾、爆炸事故。

1. 设计不合理

长输管道系统的设计是确保工程安全的第一步，也是十分重要的一步，设计质量的好坏对工程质量有着直接的影响。设计不合理主要表现在：工艺流程、设备布置不合理，系统工艺计算不正确，管道强度计算不准确，材料选材、设备选型不合理，防腐蚀设计不合理，管线布置、柔性考虑不周，结构设计不合理；防雷、防静电设计缺陷，等等。

2. 施工质量问题

管道施工质量的好坏不仅与管道的使用寿命、系统运行经济效益息息相关，而且直接关系到管道的运行安全。施工质量问题主要表现在：管道施工队伍技术水平低，管理失控；强力组装；焊接缺陷；补口、补伤质量问题；管沟、管架质量问题；检验控制问题；等等。

3. 腐蚀失效

腐蚀既有可能大面积减薄管的壁厚，导致过度变形或爆破；也有可能导致管道穿孔，引发漏油、漏气事故。

4. 管道水击

当带压管道中的阀门突然开启、关闭，或泵组因故突然停止工作或泵的输出不稳时，流体流速急剧变化，造成管道内的压强发生大幅度交替升降，压强变化以一定的速度向上游或下游传播，在边界上发生反射，并伴有液体锤击的声音，这种现象叫水击。水击会引起压强升高，可达管道压强的几十倍或数百倍。另外，水击还会使管内出现负压。压强的大幅波动，可导致管道系统强烈振动，产生噪声，造成阀门破坏，管件接头破裂、断开，甚至造成管道炸裂等重大事故。

5. 疲劳失效

管道、设备等设施在交变应力作用下发生的破坏现象称为疲劳破坏。

三、油气长输管道事故分析

长输管道已成为世界上主要的油气输送工具，是重要的能源基础设施，具有高压、易燃和易爆的特点，其安全运行事关公共安全和经济安全。长期以来，由于管理分散、法规不健全、逾期不检、技术水平落后、打孔盗油(气)等原因，普遍存在管道缺陷严重，管道带"病"运行等现象；因第三方破坏，腐蚀，误操作，管理不善等原因造成的泄漏与爆炸事故时有发生。

近年来，由于管道建设所用的设备、材料及施工技术已接近国际水平，操作管理水平也有很大提高。这些因素使设备设施故障、腐蚀、误操作、施工缺陷、疲劳等原因造成的事故大幅度下降，而外力或人为破坏因素所造成的事故有所增加。打孔盗油对管道的危害首屈一指，石油长输管线已是名副其实的"千疮百孔"。打孔盗油造成的破坏，不仅给国民经济带来了损失，

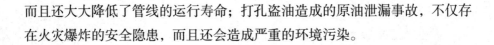

而且还大大降低了管线的运行寿命；打孔盗油造成的原油泄漏事故，不仅存在火灾爆炸的安全隐患，而且还会造成严重的环境污染。

第二节　油气长输管道的腐蚀与防护

一、油气长输管道的腐蚀失效

腐蚀失效是油气长输管道主要失效形式之一。腐蚀既有可能大面积减薄管的壁厚，导致过度变形或爆破，也有可能导致管道穿孔，引发漏油、漏气事故。由于腐蚀而造成的储运设施事故，不仅浪费了宝贵的石油资源，而且污染了环境，严重时会对人民生命安全造成威胁。油气长输管道一般埋地敷设，埋地的金属管道受所处环境的土壤类型、土壤电阻率、土壤含水量(湿度)、pH 值、硫化物含量、氧化还原电位、微生物、杂散电流及干扰电流等因素的影响，会造成管道电化学腐蚀、化学腐蚀、微生物腐蚀、应力腐蚀和干扰腐蚀等。

(一)电化学腐蚀

金属管道在电解质中，由于各部位电位不同，在电子交换过程中产生电流，作为阳极的金属会被逐渐溶解，这种现象称为电化学腐蚀。通常金属管道的腐蚀主要是电化学腐蚀作用的结果。在潮湿的空气或土壤中，或天然气等介质含水较多时，管道表面会吸附一层薄薄的水膜，由于外界酸碱环境的变化，管道会发生吸氧或析氢腐蚀。

当水膜基本为中性时，钢铁与吸附在管道表面溶有氧气的水膜构成原电池，吸收氧气。

当水膜为酸性时，钢铁与吸附在管道表面溶有 CO_2 等的水膜构成原电池，析出氢气。

电化学腐蚀产物为 $Fe(OH)_3$ 和 $Fe_2(OH)_3$ 混合物，在管壁上形成瘤状铁锈。如果除去表面铁锈，则可见表面形态为一个个腐蚀凹坑。

（二）化学腐蚀

金属管道除电化学腐蚀外，还有化学腐蚀，即金属与接触到的化学物质直接发生化学反应而引起腐蚀。这一类腐蚀的化学反应较为简单，仅仅是铁与氧化剂之间的氧化还原反应，腐蚀过程没有电流产生。在一般情况下，电化学腐蚀和化学腐蚀往往同时发生，但化学腐蚀对管道外壁的腐蚀作用比电化学腐蚀小。

（三）微生物腐蚀

直接参与金属管道腐蚀的微生物主要有参与自然界硫、铁和氮循环的微生物。

参与硫循环的有硫氧化细菌和硫酸盐还原细菌，参与铁循环的有铁氧化细菌和铁细菌，参与氮循环的有硝化细菌和反硝化细菌，等等。微生物腐蚀的机理为氧浓差电池腐蚀和代谢产物腐蚀。

（1）由于细菌在管壁表面形成菌落，消耗了周围环境中的氧，加上细菌尸体所吸附的无机盐、沉积物覆盖了局部表面，造成管壁表面氧浓度成梯度分布。这样就使管道表面形成了电位差，即氧浓差腐蚀电池。另外，由于原电池腐蚀，阳极区释放的亚铁离子能为铁细菌提供能源，因而吸引了铁细菌在阳极区聚集。一方面加速亚铁氧化成高铁，促进阳极去极化过程；另一方面，细菌在钢铁管壁表面形成结瘤，又促进形成氧浓差腐蚀电池的过程。

（2）微生物的生命活动过程中产生的一些腐蚀代谢产物，如硫酸还原菌的代谢产物，不仅可促进阳极去极化作用，使腐蚀不断进行，而且其电位比铁还低，又形成了新的腐蚀电池。又如，氧化硫杆菌在代谢过程中能产生10%~20%浓度的硫酸，从而强烈腐蚀管道。此外，一些真菌还能产生有机酸、氨等，腐蚀金属管道。

（四）应力腐蚀

应力腐蚀开裂（SCC）是指金属及其合金在拉应力和特定介质的共同作用下引起的腐蚀开裂。这种开裂往往是突发性、灾难性的，会引起爆炸、火灾等事故，因而是危害最大的腐蚀形式之一。埋地油气长输管道的应力腐蚀形式主要有管道内硫化物引起的 SCC、管道外壁高 pH 碱性土壤中的 SCC 和管道外壁近中性土壤中的 SCC 等。它们的共同特点是必须同时具备 3 个条件，即腐蚀环境、敏感的管材和拉应力的存在。

1. 土壤应力

在应力腐蚀的诸多破坏因素中，最具破坏性的是土壤应力。由于管道运行条件（如压力、温度）及土壤结构变化（如回填、压实、干湿交替、冻融循环、土壤塌陷、滑坡、沉降、倾斜运动及地震等）所引起的管道与环境土壤之间的相对运动，是形成土壤应力的基本原因。土壤应力以剪切应力形式作用于管道外防腐层，导致涂层脱黏或干裂。

2. 成型残余应力

有机材料的一个重要固有特性是其由液态向固态成型过程中会产生体积收缩。当其作为管道外防腐层使用时，受界面黏附力或急冷影响，其体积收缩受阻，形成界面间及涂料层材质内成型残余应力。该应力不仅会降低界面黏接强度，而且受环境因素（如温度、湿度、压力）变化激发，将促进涂层体内微裂纹、界面孔隙等缺陷的扩展，为介质渗透提供条件。

3. 膨胀应力

对管道外防腐层形成膨胀应力的原因主要有二：一是植物根须穿入涂层后，因其生长变粗而形成膨胀应力；二是介质渗透到金属界面后形成底部腐蚀，其腐蚀产物形成膨胀应力。

（五）电流干扰腐蚀

大地中流动的杂散电流或干扰电流对油气长输管道将产生腐蚀，称为电流腐蚀，可分为直流杂散电流腐蚀和交流杂散电流腐蚀两种。

1. 直流电流干扰腐蚀

直流杂散电流腐蚀原理与电解腐蚀类似。直流杂散电流主要来自直流的接地系统，如直流电气轨道、直流供电所接地极、电解电镀设备的接地及直流电焊设备系统等。埋地钢质管道因直流杂散电流或干扰电流造成的腐蚀与一般的宏电池腐蚀一样，具有局部腐蚀的特征，而造成管道腐蚀破坏的原理属电解原理，即在杂散或干扰的电解池中，管道作为阳极，起氧化反应，失去电子，受到腐蚀。

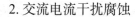

2. 交流电流干扰腐蚀

交流杂散电流主要来自高压输电线路等，其对埋地管道产生电场作用、磁场作用和地电场作用；由于管道防腐层存在漏敷点及其他缺陷，必然造成交流干扰电流进入而出现交流电流干扰腐蚀。一般而言，交流电流造成的干扰腐蚀仅相当于直流电流造成的干扰腐蚀的 1%，但其腐蚀孔深可达直流干扰腐蚀孔深的 79%。因此，对其腐蚀的集中性和严重性应充分重视。

（六）外防腐层失效

外防腐层与钢制管道的界面黏接状态是保证金属管道长周期安全运行的重要因素。界面黏接状态与表面处理质量（形成活性金属表面）、外防腐层材料分子结构中活性基种类（与金属活性表面形成化学键、物理键的能力）、外防腐层抗介质渗透能力（抑制介质渗到界面的时间）、成型残余应力大小（提高界面黏接强度）以及外防腐层施工质量等有关。

外防腐层失效的物理原因有多石土壤的冲击破坏，动物噬咬破坏，杂散电流引起的阴极区域剥离破坏，运输、吊运、安装中的碰撞、磨损破坏等。

外防腐层失效的化学腐蚀原因主要有土壤污染、生物降解和材料老化等。

1. 土壤污染

土壤污染包括泄漏、排污等人为因素造成的污染和土壤酸化、盐碱化等自然界因素造成的污染。土壤中的化学品及烃类物质等对有机涂料具有化学作用，促使涂层化学腐蚀失效。

2. 生物降解

土壤中的微生物，如喜氧菌、厌氧菌形成黏泥菌，产生酸性菌、硫酸盐还原菌、铁细菌等，对有机涂层都具有微生物降解作用。

3. 材料老化

有机材料老化是其固有特性之一，当其作为管道外防腐层使用时，受环境作用（如干湿交替、冻融循环、土壤载荷、生物降解等）影响，老化进程会加快。

综上所述，管道外防腐层在其材料选择、防腐蚀设计、成型工艺技术选择中，应首先考虑其抗物理腐蚀失效性，兼顾化学腐蚀失效性。

二、油气长输管道的腐蚀防护

腐蚀是影响系统使用寿命和可靠性的关键因素，是造成油气管道事故的主要原因之一。油气管道，特别是大口径、长距离、高压力油气管道的用钢量及投资巨大，因腐蚀引起泄漏、管线破裂等事故不但损失重大，抢修困难，而且还可能引起火灾爆炸及环境污染，因此必须针对管道可能出现的腐蚀危害采取可靠的保护措施。

钢质管道的腐蚀防护方法主要有涂层保护、电化学保护、杂散电流排流保护等。由于管道所处的环境及腐蚀的种类差异，需要根据具体情况采取某种措施或几种措施联合使用。

（一）涂层保护

涂层保护是在金属表面覆以防腐绝缘层，使金属与腐蚀环境隔离，无法构成金属电化学腐蚀条件，从而达到保护目的。

埋地钢质管道所使用的防腐覆盖层主要有石油沥青、煤焦油瓷漆、聚乙烯胶黏带、熔结环氧粉末及复合覆盖层等。好的防腐层具有良好的热稳定性、化学稳定性、生物稳定性及机械强度高、电阻值高、渗透性低等特点。防腐层性能越优良，在保证良好的安装条件和后期管理的前提下，油气管道的防腐情况就越好，使用寿命就越长。

石油沥青防腐层在大多数干燥地带使用良好。煤焦油磁漆具有较好的抗细菌腐蚀和抗植物根茎穿透能力，施工工艺也较成熟，应用较广。聚乙烯胶黏带具有较好的防腐性，价格便宜，施工方便，质量容易控制。熔结环氧粉末涂层具有较好的黏结力、防腐性及较好的耐温性，因其黏结力强、抗阴极剥离性良好，故能很好地与阴极保护相配合。

常用防护涂料的种类和品种相当多，工程中应根据不同的使用环境、性能和要求，同时考虑涂层寿命、价格、施工条件、环保等因素进行选择。

（二）电化学保护

电化学保护分为阳极保护和阴极保护。

阳极保护是使被保护金属处于稳定的钝性状态的一种防护方法，可通过外加电源进行极化或添加氧化剂的方法达到防护目的。阳极保护方法要求金属管道在所处腐蚀环境中具有钝化性，仅适用于强酸、强碱腐蚀环境的容器和管道上。

（三）阴极保护

阴极保护是一种借助外加电源对管道施加电流，使管道成为阴极，从而得到保护的方法。根据提供电流的方式不同，对埋地管线的阴极保护通常有外加电流法、牺牲阳极法两种保护方法。

外加电流法是利用外部直流电，通过辅助电极向被保护体施加电流，使被保护体成为电化学反应阴极的保护方法。牺牲阳极法是利用活泼的合金与被保护体连接，向被保护体提供电流，使被保护体成为电化学反应阴极的阴极保护方法。对于一般的埋地段管线可采用外加电流法的阴极保护，而对于穿越铁路、公路、河流或江河等带有外套管的管道，由于金属套管的屏蔽作用而不宜采用外加电流法时，可采用镁或镁合金、锌或锌合金做阳极的牺牲阳极保护。在实际工程中应根据工程规模、防腐层质量、土壤环境条件、电源的利用及经济性进行比较，择优选择。

外加电流阴极保护方式需要建立由电源设备和站外设施两部分组成的阴极保护站。其中，电源设备是外加电流阴极保护站的"心脏"，它由提供保护电流的直流设备及其附属设施（如交、直流配电系统）构成。站外设施包括汇流点装置、阳极地床、架空阳极线路或埋地电缆、测试桩、绝缘法兰、均压线等，站外设施是阴极保护站不可缺少的组成部分。

阳极地床又称辅助阳极，是外加电流阴极保护中的重要组成部分。阳极地床的用途是通过它把保护电流送入土壤，再经土壤流入管道，使管道表面进行阴极极化而防止腐蚀。阳极地床在保护管道免遭土壤腐蚀的过程中自身会遭受腐蚀破坏，因此阳极地床代替管道承受了腐蚀。

阳极地床与管道的距离决定了保护电位分布的均匀程度。阳极地床与管道的距离越远，电位分布就越均匀。一般认为，长输管道阳极地床与管道通电点的距离在 300～500 m 较为适宜，在管道较短或管道密集的地区采用 50～300m 的距离较为适宜。

采用阴极保护的长输管道，保护效果的好坏主要取决于管道沿线防腐绝缘层质量、土壤腐蚀性能、阴极保护参数等因素。油气长输管道和油气田外输管道必须采用阴极保护；油气田内的集输干线管道应采用阴极保护；其他管道和储罐宜采用阴极保护并且阴极保护系统应有检查和监测设施。阴极保护工程应与主体工程同时勘察、设计、施工，并应在管道埋地6个月内投入运行。长输管道的阴极保护是防止管道腐蚀的重要措施，在国内的管道防护中得到了广泛应用。

(四) 杂散电流排流保护

杂散电流能引起管道的电解腐蚀，而且腐蚀强度和范围很大。但是，利用杂散电流也可以对管道实施阴极保护，即排流保护。用绝缘钨电缆将被保护金属与排流设备连接，将杂散电流引回电气设备或引至地极，从而防止金属腐蚀。

(五) 防腐施工质量

管道防腐覆盖层与管道黏结的牢固程度，直接关系到防腐覆盖层的剥离或阴极剥离。而影响黏结强度的关键因素之一是管道表面处理质量。

国内过去在管道防腐涂敷前对钢管表面除锈处理较简单，造成底漆黏结不牢，常常发生防腐覆盖层剥离或阴极剥离。为此，涂敷前的钢管表面必须进行抛光或喷砂处理，以达到标准要求的洁净度和锚纹深度，确保底漆黏结牢固。如果管道现场焊接接头补口或防腐覆盖层损坏位置的补伤材料、工艺、质量等不符合要求，造成补口、补伤质量低下，即使管道采用十分优良的防腐覆盖层，也会影响防腐性能。因此，选用的补口、补伤材料与管道防腐覆盖层要有较好的相容性；补口、补伤接合部应严密黏牢，必要时应做严密性试验；严格按标准要求对补口、补伤处的钢管表面进行处理，使之达到表面洁净度的要求。

管道在埋入地层前，应采用电火花检漏仪（又叫电火花探伤仪）对防腐覆盖层进行检漏，以确定被检查管道防腐覆盖层破损的具体位置。管道敷设好以后，经水压试验和一段时间的养护后，在保证管道周围的土壤具有良好的压实且管道与土壤具有良好的电性接触时，对管道防腐层缺陷进行探测。探测发现缺陷，应进行开挖、修复、回填，并重新探测。

(六) 防腐层检修

采用防腐层在线检测技术可对在用管道防腐层使用状况进行探测。一旦发现异常，应开挖加以确认。在管道检测中发现防腐层缺陷时，要及时进行修补，使其恢复完好状况。修复方法有以下 3 种：

(1) 防腐层更新和管体补强。防腐层老化和局部管体腐蚀时，应及时进行防腐层更新和管体补强。

(2) 换管处理。对管体腐蚀严重、腐蚀面积较大的要进行换管处理。

(3) 管道防腐层大修。如果经过多次检漏，其阴极保护电流逐年上升，保护电位坡降 ≥ 0.05V/km；或者采用挖测坑的方法做直观检查，防腐层普遍老化，黏结不好，沥青焦化，脆裂，断口无光泽，玻璃布失去拉力和韧性；表明管道防腐层大面积腐蚀严重，需要进行大修。

三、油气长输管道腐蚀探测技术

(一) 油气长输管道的管网腐蚀探测

适时对埋地管线进行在线检测和现状评价，全面而系统地了解管道外防腐层和金属管道的腐蚀状况，可以为管线防腐层大修整治，管道维修、调整和改进管道的防腐措施等提供决策依据，从而确保减少腐蚀，延长管线的使用寿命，确保管道安全运行。

油气长输管道的腐蚀探测工作内容包括以下 3 个方面：

(1) 检测内涂敷层、外包覆层是否老化、失效或者破损。

(2) 检测并评价管道腐蚀或疲劳损伤状况 (定性或定量)。

(3) 确定管道安全运行时容易出现故障和隐患的空间位置，包括防腐层剥离，老化，破损失效部位，管道腐蚀或疲劳损伤段 (点)，管道缺陷，以及堵塞、泄漏等运行故障等。

(二) 外防腐层检测

埋地管线防腐层由于诸多因素引起劣化，出现老化、发脆、剥离、脱落，最终会导致管道腐蚀穿孔，引起泄漏。防腐层劣化也同样影响阴极保护效能，因为防腐层劣化后，管道与大地绝缘性能降低，保护电流散失，保护距离缩短，使得不到保护的管线遭受腐蚀速度加快。因此，对地下管道防腐层状况定期评估，并有计划地进行检漏和补漏是预防和避免因防腐层劣化而引发管线腐蚀的重要手段。

1. 防腐层开挖检测

防腐层开挖检测是最直接的检测手段，可以对防腐层性能和管道腐蚀状况同时进行检查。一般的定期抽样开挖检查，通常选择在易发生腐蚀部位或者怀疑发生腐蚀的部位。挖开后，首先检查防腐层有无气泡、吸水、破损、剥离等现象，测量防腐层厚度，用电火花仪检测漏点分布情况；继而检查管道金属腐蚀状况，观察是否有蚀坑、应力裂纹等腐蚀现象，用测厚仪测量管壁剩余厚度并做出定性描述和量化记录；必要时现场取样送实验室按规定要求进行分析。开挖检测的缺点是：评价准确性受采样率的限制，评价难于全面，而且往往成本较高，尤其是在城镇、工矿、厂区等建（构）筑物密集地段难以实施，还常常造成"挖了易腐，越挖越腐"的不良后果。因此，物理探测方法正逐步得到应用。

2. 防腐层物理检测

近年来，国内许多油气田和城市燃气公司采用管道外防腐层检测仪，对埋地管线的外防腐层完好情况进行在线检测，即采用物理探测方法对防腐层进行检测。应用较为广泛的检测技术包括标准管地电位法（简称 P/S 法）、Pearson 法、管内电流衰减法、多频管中电流法（简称 PCM 法）、密间隔电位法（简称 CIPS 法）、直流电位梯度法（简称 DCVG 法）等。

（1）标准管地电位法（P/S 法）。标准管地电位法是采用万用表电压档测试 $Cu/CuSO_4$ 参比电极与金属管道表面上某一点之间的电位，用以比较保护电位和自然电位及当前电位和以往电位，从而间接判断涂层状况及阴极保护效果的有效性。该方法快速、简单，广泛应用于管道涂层及阴极保护日常管理及监测中。其特点是在阴极保护系统运行状态下，沿管道测量测试桩处的管地电位。

这种方法无须开挖管道，可直接在每个测试桩上方便地得到电位。但测试数据受许多因素的制约，检测结果会存在一定偏差；阴极保护屏蔽时检测不出准确结果，而被屏蔽的管道常常易于产生局部腐蚀或坑蚀；由于测试桩每 1 km 左右设置一个，不能对防腐层状况做连续的检测，防腐层破损点有可能被漏检；计算的防腐层电阻只是平均值，因此不能确定防腐层缺陷大小及精确位置。

（2）Pearson 法。该方法是通过发射机向管道施加一个交变电流信号（1000Hz），该信号沿管道传播。当管道防腐层存在缺陷时，就会在破损点的周围形成一个交变电场。滤波接收机接收到泄漏点的信号，通过接受信号的强弱来判断防腐层的破损点。

该方法在检测过程中不需要阴极保护电流，不受阴极保护系统的影响，能定性判定破损点大小，能检测到微小漏点，检测速度快，在长输管道检测与运行维护中的使用效果较好。但该方法不能指示缺陷的严重程度、腐蚀保护效率和涂层剥离状况，易受外界电磁干扰，常给出不存在的缺陷信息；另外，在水泥或沥青地面存在接地难问题。

（3）管内电流衰减法。管内电流衰减法是在阴极保护系统运行下进行检测的，可消除管道电容、电感的影响，可长距离快速探测整条管道的防腐层状况，也可缩短间距对破损点进行定位，属于非接触地面测量，受环境影响较小，定位精度在 ±1.0m。但测量结果不直观，不能指示阴极保护效率，不能指示防腐层剥离，易受外界电流干扰。

（4）多频管中电流法（PCM 法）。PCM 法是以管内电流衰减法为基础，用专用检测仪完成的改进型防腐层检测方法。其操作简单、定位判断准确、适用性强，在工程上已得到普遍应用，并取得了较好的检测效果。

PCM 系统分接收机和发射机两部分。检测时，将发射机的一端与管道连接，一端与大地连接，通过大功率发射机向管道发射一特定频率的激励信号，激励信号自发射点开始沿管道向两端传输，管道中的电流强度将随着管道距离的增加而衰减，用便携式接收机在管道上方能探测该特定信号。

当管道防腐层性能均匀时，管道中的电流强度与距离成线性关系，其电流衰减率取决于防腐层的绝缘电阻。根据电流衰减的大小变化可评价防腐层的绝缘质量。对于同一条管线，电流衰减率越小，防腐层绝缘性越好。若存在电流的异常衰减段，则可认为存在电流泄漏点或管道分支点；经过分析可判断防腐层绝缘性能是否下降或破损部位；再使用 A 字架检测地表电位梯度，可精确定位防腐层破损点。

PCM 法是一种埋地管线防腐层非接触式探测技术，适用范围广，准确率高，适用于不同管径、不同钢制材料、不同防腐绝缘材料及不同环境的石油、天然气、煤气等埋地管线防腐层的检测。但 PCM 法对外加电流干扰、大地磁场干扰敏感，或有其他管道交叉敷设时，易出现盲区，造成检测结果不准确或难以判断。

（5）密间隔电位法（CIPS 法）。密间隔电位测量法主要用来评估管道沿线阴极保护状态与受杂散电流干扰情况，同时能发现涂层漏点。该法实际上是对标准管地电位法的一种改进，由一个灵敏的毫伏级电压表和一个 Cu/CuSO$_4$ 半电池探杖以及一个尾线轮组成。

测量时，在阴极保护电源输出线上串接断流器，断流器以一定的周期断开或接通阴极保护电流。测量从一个阴极保护测试桩开始，将尾线接在桩上，与管道连通，操作员手持探杖，沿管顶每隔 1～5m 测量一个点，记录每一个点在通电和断电情况下的电位。经数据处理后得到相应的通、断电位距离曲线，分析曲线即可确定阴极保护效果的有效性，并找出防腐层缺陷位置，估计缺陷大小。

（6）直流电位梯度法（DCVG 法）。该方法测量阴极保护电流在土壤介质中产生的直流电位梯度 IR，并根据 IR 来计算防腐层缺陷大小。当埋地钢管的防腐层存在缺陷时，阴极保护电流通过土壤流向缺陷处，电流在土壤中流动而产生电位梯度场。缺陷越大，电流就越大，产生的电位梯度就越大。距离缺陷越近，电流密度越集中，电位梯度也越大。电位梯度主要产生在离电压场中心较近的区域内，用一个灵敏的电压表即可测量出电位梯度的存在，根据其大小和方向可以精确定位缺陷。

DCVG 法是最准确的防腐层缺陷定位技术之一，主要有以下特点：①可以在任何地带使用，如管道密集地带、建筑群密集地带、丘陵山区、沙漠等；②不受交流电、直流杂散电流的干扰；③无须专用发射器，也无须远距离传感器，可由一个人携带并完成检测；④缺陷检出率高，缺陷定位误差为 ±15cm，定位精确度高；⑤可判断缺陷面积大小以及破损点管道是否发生腐蚀，误检率低；⑥可检测到防腐层剥离位置；⑦可检测出同沟敷设或相互连接几条管道中的管道泄漏。但是，该方法不能直接给出破损点处的管地电位，对无阴极保护的管道无法检测，检测数据处理需要大量原始数据支持，

IR 梯度受许多因素影响，因此仍有可能造成误判。

（7）变频—选频法。变频—选频法是向地下金属防腐管道施加一个电信号，通过测量电信号的传输衰耗求出管道防腐层的绝缘电阻值。该法可用于连续管道中任意长管段绝缘电阻的测量，适用于油气长输管道防腐层质量检测，在阴极保护设计、保护效果评估等方面也是一项实用技术。

计算管道防腐层绝缘电阻需要有金属管道外半径、壁厚、绝缘防腐层厚度和土壤电阻率等参数，以及通过查表可以得到的金属管材电导率、金属管材相对导磁率、绝缘材料介电常数、绝缘材料损耗角正切以及土壤介电常数等参数，计算复杂，通常要用专门软件完成。

（8）电火花检测法。电火花检测法适合于新建油气管道防腐层施工质量的检查和开挖后管道防腐层的漏点检测。检测原理为：利用电火花检测仪器对各种导电基体防腐层表面施加一定量的脉冲高压，当防腐层有质量问题（如针孔、气泡和裂纹）时，脉冲高压经过就会形成气隙击穿而产生火花放电，同时给报警电路送去一脉冲信号，使报警器报警，从而达到检测防腐层的目的。由于是用蓄电池供电，故电火花检测法特别适用于野外作业。该仪器可广泛用于化工、石油行业，是用来检测防腐涂层质量的必备工具。

埋地管道的外检测主要采用不开挖的无损检测技术，以及时了解管道运行的防腐蚀状态，为后面的开挖检测和维修提供依据。几种检测技术各有其局限性，为减小单一检测技术的不足，可将几种方法联合使用，优势互补，对防腐蚀层综合状况进行全面检测。

（三）内腐蚀检测

油气管道发生全面腐蚀后，表现为整个壁厚减薄。这种减薄可能是均匀的，也可能是非均匀的。当发生局部腐蚀时，管壁局部出现凹坑，壁厚减薄。局部腐蚀常常会造成管道穿孔泄漏。管道内腐蚀检测是应用各种检测设备，真实地检测和记录管道基本尺寸（壁厚及管径）、管线基本状况、管道内外腐蚀状况（大小、形状、深度及发生部位）、焊缝缺陷以及裂纹等情况。检测所获取的管道内表面质量的平面及二维信息是指导管道运行、制定管道使用维护决策的重要依据。

管道内腐蚀检测技术主要有漏磁通检测法、超声检测法、涡流检测法、激光检测法、电视测量法、管道智能检测装置等。其中，激光检测法和电视测量法需要和其他方法配合才能得出有效、准确的腐蚀数据。涡流检测法只适用于检测表面腐蚀，如果在金属表面的腐蚀产物中有磁性垢层或氧化物，就可能出现误差；为了提高测量精度，还要求被测体保持恒温。因此，广泛应用的管道腐蚀检测方法是漏磁通检测法和超声检测法。

漏磁管道检测系统是利用自身携带的磁铁将检测器当前经过的那段管道磁化，由线圈产生交变磁场进入被测管壁。若管壁不存在缺陷，则磁力线绝大部分在管壁中通过；若管壁已受腐蚀减薄或存在裂缝等缺陷，磁力线将发生弯曲，并且有一部分磁力线泄漏出钢管表面。检测被磁化钢管表面逸出的漏磁通，即可确定缺陷尺寸、形状和所在部位。漏磁检测有很高的检测速度，对于金属材料，它不仅能提供表面缺陷的信息，还能提供材料裂纹深度的信息。但被检测的钢管壁厚一般要小于12mm。

超声管道检测系统是目前应用较为广泛的一种无损检测方法，它具有灵敏度高、穿透性强、操作灵活、效率高、成本低等优点，不仅可探测金属及非金属材料中的缺陷(内部和表面的)，还可测定材料的厚度。当对管道进行检测时，将超声探头置于被检管道的内壁，探头对管壁发出一个超声脉冲后，探头首先接收到由管壁内表面反射回的脉冲，然后超声探头又会接收到由管壁外表面反射回的脉冲，这个脉冲与内表面产生的脉冲之间的间距反映了管壁的厚度。超声探头沿管道的圆周方向进行旋转，不断地向管壁发射脉冲，根据脉冲间距的变化，就可检测出管道的变化和腐蚀情况。

将检测装置安放在一套移动工具(爬行机)上，随移动工具沿管道运动而自动检测和记录管道状况，就形成了管道智能检测装置。这类装置从结构上可分为有缆型和无缆型两种。有缆型检测装置一般由配有各种检测仪的管内移动部分、设置在管外的遥控装置、电源、数据记录处理器、电缆供给控制装置和连接管内移动部分和管外装置的电缆等组成。电缆主要是用来供电、遥控、传输成像和检测数据等，管内移动部分是管内行走的智能检测爬行机部分。由于有缆型检测装置的电源和数据记录处理器设在管外，因此其爬行机部分结构紧凑，可以应用于中小管道的检测。另外，这种检测装置还能够同时监测管内移动检测部分的影像数据，因此可对穿越河流、铁路、道路的特殊管道的重要部位进行有选择检测。但其使用范围受电缆长度和管道断面等的限制，而且多用于停运管道的检测。

无缆型检测装置在管道内是由液体推动前进的，主要由驱动节（电池仓）、数据记录仓、检测仪器仓等管道内部分，以及管道外的控制主机、数据处理系统和辅助设备等组成。在管道内行走的智能检测爬机是一个集机械控制、检测于一体的高技术系统，通常机身为钢壳，外覆聚氨酯或橡胶，内部装有探头、电子仪器、动力装置等。漏磁爬机和超声爬机的结构相似，一般为一机多节，每一节的前部和后部都设有密封罩杯，以保持与管壁之间的恒定距离和密封，并在管道内形成压力差以推动爬机在管道内前进。机体各段之间以万向节相联，以利于爬机转弯。有些爬机外部还带有叶片，当管道内的压力差过小时，可张开叶片，增大爬机推力，使爬机按预定速度前进。有些爬机还带有自我行走机构，整机可在管道内做竖直或水平双向行走，并且还可在 T 型管道内或阀门处行走。

爬机的第一部分为驱动节，内部装满电池，主要用于爬机供电。通常在高压密封仓的前端还装有跟踪信号发射机和标记信号接收机。后部装有两个里程轮，记录里程。

第二部分为数据记录仪器节，通常装有磁带机或其他大容量记录设备，以对检测器实施自动控制，对数据进行传输、压缩和记录。

第三部分由电子仪器节和探头架组成。超声电子仪器节内装有超声波发生器、接收器、测量单元和微处理器等，其主要功能是向管道发出超声波并接收管壁所反射的超声波。探头架是检测爬机的触角，与管道内壁直接吻合，上面装有超声探头。

爬机检测后存储的数据一般由管道外的计算机来处理，利用相应的功能软件进行数据分析，并生成图形，以供检测人员评定。

在不停止输送作业的情况下，管道智能检测系统借助管道内输送介质的压差推动行走，可连续工作 30～50h，检测行程超过 200km。借助高精度的漏磁或超声传感器阵列以及先进的信号处理和数据储存系统，配以精密的机械结构使该系统可以检测出管道内 2～3mm 的管道壁厚变化、腐蚀坑、裂纹等，并将缺陷定位在 1m 的误差范围之内。利用地面解释及分析设备可对检测结果进行解读和分析，得出管道内各种缺陷和损伤状态参量的数据。

超声检测系统的辅助设备主要包括液压发送装置和检测定位装置。由于检测爬机尺寸长、质量大，必须要用特殊的液压发送装置才能将停放在拖盘中的爬机顶入发球筒内。并且爬机还需要外定位装置，将其正确定位。

第三节　油气长输管道的泄漏与防护

油气长输管道大多埋设于地下，穿越地区广，地形复杂，土壤性质差别大，容易受到环境腐蚀、各种自然灾害等的伤害。同时，油气管道输送压力高，油气又具有易燃、易爆、有毒等特点，再加上日常检测比较困难，潜在危险大，事故发生具有隐蔽性，一旦发生事故，极易引起爆炸、火灾、中毒、污染环境等恶果，尤其是高压输气管道，一旦破裂，高压燃气迅速膨胀，释放出大量的能量，引起爆炸、火灾，造成巨大的损失。油气长输管道泄漏事故的发生，波及范围大，甚至影响区域经济的正常运行，会带来恶劣的社会影响。为此，开展油气长输管道的泄漏与防护工作具有重要意义。

随着国内油气长输管道建设及运行管理水平的不断提高，油气长输管道泄漏探测技术也在不断发展。应用管道泄漏探测系统，不仅能够及时发现泄漏位置，而且有利于防止泄漏事故的进一步发展，遏制重大事故的发生，减少事故损失。

泄漏探测，亦称泄漏检测，是判断泄漏发生、判定泄漏位置、估计泄漏特征及其时变特性的检测方法和技术的统称。

一、泄漏探测系统的性能指标

油气长输管道泄漏探测系统能否快速、准确、有效地检测出管道泄漏，可从以下 9 个方面对其进行评价：

（1）泄漏检测的灵敏度。它是指泄漏监测系统所能检测出管道泄漏的大小范围，即所能检测到的最小泄漏量。

（2）泄漏位置定位精度。它是指当发生泄漏时，判定的泄漏点与实际泄漏位置的误差。

（3）泄漏检测的实时性。它是指从管道泄漏开始到系统检测到泄漏的时间长短。

（4）正常操作和泄漏的分离能力。它是指正常的起或停泵（压缩机）、调阀、倒罐等操作和管道泄漏情况的区分能力。这种能力越强，误报率就越低。

（5）泄漏辨识的准确性。它是指泄漏监测系统对泄漏的大小及其时变特性估计的准确程度。对于泄漏时变特性的准确估计，不仅可以识别泄漏的程度，而且可以对老化、腐蚀的管道进行预测并有助于制定一个合理的处理办法。

（6）误报率和漏报率。误报是指系统没有发生泄漏却被错误地判断为出现泄漏，漏报是指系统出现了泄漏却没有被检测出来。误报率和漏报率是指其发生的次数占总的次数的比例。误报率和漏报率越低，表明准确性越高。

（7）适用性。它是指泄漏监测系统对不同的管道环境、不同的输送介质、不同的操作者或管道发生变化时所具有的通用性。

（8）可维护性。它是指当系统发生故障时，能否简单、快速地进行维护。

（9）性价比。它是指泄漏系统所能提供的性能与系统建设、运行及维护费用的比值，比值越高越好。

二、油气长输管道泄漏探测方法

油气长输管道发生泄漏后，在埋地管线的内部（流体）管道本身和地表会有相应的物理状态变化，检测这些物理参数，就出现了不同原理的长输管道泄漏探测方法。

根据测量分析媒介的不同，可分为直接检测法与间接检测法；根据检测过程中检测装置所处位置的不同，可分为内部检测法与外部检测法；根据检测对象的不同，可分为检测管壁状况和检测内部流体状态的方法；等等。

(一) 直接检测方法

直接检测方法有人工巡视、气体浓度检测、噪音监测、放射性示踪等。

（1）人工巡视法。人工巡视管道与周围环境的方法是由有经验的管道管理人员或者经过训练的动物，对管线进行巡查，通过看、闻、听或其他方式来判断管道是否有泄漏发生。该方法对腐蚀穿孔、施工等造成的泄漏检测或人为打眼偷盗行为均可使用，但该方法工作量很大，而且费用较高，实际效果并不好。

（2）气体浓度检测法。气体浓度检测法是使用便携式可燃气体报警仪对管道沿线空气质量进行检测。当可燃气体浓度达到一定限度时，认为存在漏油可能，进行进一步排查。

（3）噪音监测法。噪音监测法之一是通过便携式超声波检测设备沿管道进行检测；之二是沿管道设置若干个噪音监测点，将检测信号发送至检测站进行分析；之三是向管道内发送检测器，随油品流动进行检测。由于液体泄漏产生的噪声不大，超声频率和振幅随距离、高度衰减，第二种方法的实用性较小。

（4）放射性示踪法。放射性示踪法是将可溶于油品的放射性指示剂与油品混合成一定比例的液体，泵送入管道进行输送，混合液经过漏点时漏出管外，扩散到土壤中。然后放进隔离球输送纯净油品，把管内残余的指示剂冲洗干净，再放入探测器，当它经过漏点时，探头感受到扩散于土壤中的放射性信号，此信号与计算机进行连接，输出泄漏点位置。

（5）检漏电缆法。检漏电缆法多用于液态烃类燃料的泄漏检测，电缆与管道平行铺设。当泄漏的烃类物质渗入电缆后，会引起电缆特性的变化。目前，已研制的有渗透性电缆、油溶性电缆和碳氢化合物分布式传感电缆。这种方法能够快速而准确地检测管道的微小渗漏及其渗漏位置，但其必须沿管道铺设，施工不方便，且发生一次泄漏后，电缆受到污染，在以后的使用中极易造成信号混乱，影响检测精度；如果重新更换电缆，将是一个不小的工程。

（二）地面间接监测方法

地面间接监测方法有热红外成像法、探地雷达法、检测管法、声学法、分布光纤等。

（1）热红外成像法。热红外成像法的原理是：为降低原油的黏性，通常采用加热输运工艺，故当管道发生泄漏时，泄漏的原油会使土壤温度上升，感知这种温度变化所引起的红外辐射即可检测泄漏。检测时，将管道周围土壤正常温度分布图记录在计算机中，用直升机在空中实时采集管道周围土壤温度场情况，通过对两者的比较来检测泄漏。热红外成像的缺点是对管道的埋设深度有一定的限制。据有关资料介绍，当直升机的飞行高度为300m时，管道的埋设深度应当在6m之内。

（2）探地雷达法（GPR）。探地雷达法是将脉冲发射到地下介质中，通过接收反射信号探测地下目标。由于电磁波在介质中的传播与通过介质的电性质及几何形态有关，故通过时域波形的处理和分析可探知地下物体。当管道内的原油发生泄漏时，管道周围介质的电性质会发生变化，从而反射信号的时域波形也会发生变化，根据波形的变化就可以检测到管道是否发生了泄漏。应用探地雷达探测时，物体必须有一定的体积，因此这种方法不适用于较细的管道。而且用探地雷达探测泄漏时，探测结果与管道周围的地质特性有关，地质特性的突变对图像有很大的影响，这也是应用中的一个难点。

（3）检测管（柱）法。检测管（柱）法是在管道上方每隔一定距离埋设一个装有可燃气体探测器的检漏管（柱），如其检测到油气，则说明有泄漏发生。这种方法安装和维修费用相对较高；另外，土壤中自然产生的气体（如沼气）可能会造成假指示，容易引起误报警。

（4）声学法。声学法是利用声音传感器检测沿管道传播的泄漏点噪声来进行泄漏检测和定位的。当管道内介质泄漏时，由于管道内外压力差，使得泄漏的流体在通过漏点时会形成涡流，这个涡流就产生了振荡变化的压力或声波。这个声波可以传播扩散返回泄漏点并在管道内建立声场。其产生的声波具有很宽的频谱，分布在6~80 kHz之间。

声学法将泄漏产生的噪声作为信号源，由传感器接收这一信号，以确定泄漏位置和程度。传统的声波检测是利用离散型传感器，即沿管道按一定间距布置大量传感器，这种方法成本很高。近年来，随着光纤传感技术的发展，已开始采用连续型光纤传感器进行泄漏噪声检测。

（5）分布光纤。用分布式光纤传感器检测管道泄漏的另一种原理是根据管道中输送的热物质泄漏会引起周围环境温度的变化，利用分布式光纤温度传感器连续测量沿管道的温度分布，当沿管道的温度变化超过一定的范围时，就可以判断发生了泄漏。

此外，随着各种分布式光纤传感器的发展，未来可以实现利用一根或几根光纤对油气管线内介质的温度、压力、流量、管壁应力进行分布式在线测量，这在管道监控系统中将极具应用潜力。

（三）水力参数检测

水力参数检测法是通过检测泄漏时的流体流量、压力，流体传输设备参数的异常变化来判定泄漏的，被检测的参数主要有泵压力、电机电流、管道流量、负压力波等。

根据流体力学的原理，当长输管线发生泄漏时，首站的管压及泵压都会有所降低，排量增加，泵负荷变大，电流增大；末站收油压力下降，瞬时收量减小。如果出现以上情况，就是泄漏事故的象征。如在首站和末站设置流量计和压力计，则可以依据压力和流量计算出泄漏点的位置。但该方法是在稳态条件下进行分析的，小流量泄漏时不易检测。

根据管线首末站流量平衡原理，同一时间段内流进和流出管线的油品流量应当一致，如首末站流量不一致即可能存在泄漏。但是在管道实际运行过程中，由于输送油品温度、密度、地温的变化，也会导致管线进出油品流量出现不相等的现象，因此流量检测法精确性不高。当管道上某一点突然发生泄漏时，由于管道内外的压差，引起泄漏部位流体迅速流失、压力下降，泄漏点两边的液体由于压差而向泄漏位置补充，这一过程依次向上下游传递，相当于在泄漏位置产生了一个以一定速度传播的压力波，这在水利学上被称为负压波。负压波的传播速度就是声波在管道流体中的传播速度。经过若干时间后，负压波分别传到管道上下游端口。

如果在管道的上下游分别安装压力传感器，检测和记录压力波形的变化，则可判断管道是否发生了泄漏；并可根据负压波传播到上下游的时间差和管道内压力波的传播速度，计算出泄漏点的位置。因为流体体积弹性系数和密度都是温度的函数，因此在检测压力的同时还要采集管道的温度用来校正压力波的传播速度，以得到更精确的探测效果。该方法灵敏准确，原理简单，适用性很强，无须建立管线的数学模型。但它要求泄漏的发生是快速突发性的，对微小缓慢泄漏不是很有效。利用压力波原理的探测方法还有压力点分析法、压力梯度法等。各种管道泄漏探测方法和探测系统，是及时发现泄漏位置，防止泄漏事故的重要技术手段，但在实时性、探测精度、误报率和费用等方面仍有发展和提高的空间。

第四节 油气长输管道维修作业安全

油气长输管道维修作业是消除管道运行缺陷、提高管输效率、延长管道设备生命周期的技术措施。按照维修作业的背景条件，可分为正常维修和管道抢修。正常维修是依据管道运营和工艺技术的要求，在管道停止输送介质的条件下，按预先安排的维修计划，对管道及管输设备施行的作业。管道抢修则是指在管道运行过程中，因管道或管输设备出现异常状况，必须紧急处理，以防止事故发生或减轻事故损失时，对管道及管输设备施行的作业。油气长输管道维修作业与一般机电设备维修作业相比，由于作业环境存在油气这种易燃易爆介质，其作业过程除具有一般维修作业共同的作业风险外，其最大的特点是易发生火灾爆炸事故。主动采取防火防爆措施，是保证维修作业安全的关键。

一、油气长输管道抢修作业安全

输油、输气管道事故主要为管道穿孔、破裂、蜡堵、凝管和伴随上述事故引起的泄漏、火灾及爆炸事故，因此应配备相应规模的抢修队伍及抢修机具。常用的抢修机具和器材有管线封堵设备、堵漏补板、堵漏剖分套筒、各种管卡、氧乙炔切割设备、电焊机、发电机组、管道切割机、内外对口器、吊装机具、必要的车辆及消防器材和检测仪器等。对这些设备要定期进行维护保养，保证各种设备灵活好用。对各种抢修器材，要根据抢修队伍所管辖的管道管径大小配备相应的型号，其数量要能满足抢修的需要。同时，还要严格按照动火程序和抢修方案，对管道进行抢修。

(一) 停输抢修程序

管道的停输抢修用于管道出现破裂、断裂造成管内介质大量外泄时的抢修和管道出现堵塞事故时的抢修。停输抢修应遵循下述程序进行：

(1) 当输油泵站(或压气站)值班人员或巡线人员发现管道破裂或断裂时，应及时通知值班领导及管理调度部门，由调度部门下令管道停输并通知抢修队伍赶赴事故地点。同时，调度部门应立即向上级调度部门汇报，并请求其协调管道上下游各有关企业的供油和用油。

（2）管道抢修队接到抢修命令后应立即赶赴事故现场。在事故现场应根据事故严重程度制定事故现场防护措施，设立警戒区，防止闲杂人员进入事故现场。

（3）确定管道封堵点，在该点周围进行油气浓度测定，制定动火措施，并按动火程序审批后进行管线封堵作业。

（4）管线封堵成功后，在油气浓度检测合格的前提下，完成管道的修补或更换管段的工作。

（5）清理事故现场的油污，恢复地貌。

（二）不停输抢修程序

对于管道的微小泄漏、小裂缝等事故可以采用不停输抢修作业。同时，对于管输介质物性不允许停输的管道事故，也必须采用不停输抢修。

不停输抢修程序和停输抢修程序基本相同，只是在封堵设备的选用上必须采用不停输型管道封堵设备。对于管道的微小泄漏，也可以采用修补法直接进行管道的抢修作业。值得注意的是，对不停输管道的抢修作业，在抢修前应查明事故点所在站段的纵断面高程，管道动态、压力，流速及管道壁厚。

（三）抢修安全操作注意事项

油气管道的抢修是在可能接触油气状态下进行的施工作业。在安全上除应注意一般管道施工中的安全问题外，还应注意以下7点：

（1）抢修人员必须穿戴合适的劳保用品，特别是在带油（气）作业场合，作业人员不得穿有任何化纤织物（包括内衣裤），以防产生静电火花引起事故。

（2）抢修队伍到达抢修现场后，应迅速查明油（气）泄漏情况，根据泄漏介质类别、泄漏量的大小、事故地点的风速及风向确定抢修现场的警戒范围。在该范围内，应避免一切闲杂人员进入。同时，在未探明油气扩散区内油气浓度以前，一切可能产生火花的设备、车辆一律不应进入警戒区。

（3）在对管道进行施焊作业前，必须进行焊点周围可燃气体浓度的测定和作业动火安全可靠性的鉴定。确定无爆炸危险后方可进行管道施焊作业。在施焊过程中，应对焊点周围可能出现的泄漏进行跟踪检查和连续检测；发现异常情况及时停止施焊，待危险因素排除后方可重新进行施焊作业。

（4）抢修时作业坑应按要求开挖，坑的两侧必须设有阶梯式上下安全通道。坑的边坡坡度应根据土壤情况采用合适的坡比，以防出现坍塌事故。

（5）抢修封堵作业时，若需要更换封堵隔离段的管线，应注意落实好"清"和"堵"措施。

（6）抢修时应配备足够的消防器材，如石棉被、干粉灭火机、泡沫灭火机和消防车辆等。

（7）抢修设备应严格按照设备的操作规程使用，防止因设备操作使用不当而使抢修失败的现象发生。

二、长输管道动火作业安全

动火作业是对作业过程中会产生明火的一系列作业的统称，例如电气焊（割）作业。

（一）动火作业火灾爆炸事故成因分析

长距离输油、输气管道具有管径大，管线长，工作压力高，连续运行，输送介质具有易燃、易爆等特点，在动火抢修和流程改造时就容易发生事故。其最主要的原因有以下4个方面：

（1）违章操作多。在管道动火时，因违章动火引发的事故是最多的。包括不按规定操作，不熟悉动火管理规定，或存在侥幸心理，不办动火手续，不采取措施清除可燃物，在不备灭火器材、无人在现场监护的情况下盲目动火，等等。

（2）动火票制度执行不力。动火票制度是专门针对动火作业的管理措施和安全规定。在实际动火作业时不办理动火票，或擅自将动火等级降低执行等都属于制度执行不力。作业现场安全管理中，动火票制度执行不力而引发火灾事故的次数，仅次于违章作业而引发的。

（3）作业监督不到位。监督和管理是一体的，主要针对领导和技术层。在动火现场，应按照动火等级派人监督和管理。另外，包括应急救援预案在内的一些安全措施等，都需要专业人员在场指挥。一旦发生事故，可以及时启动救援预案，尽最大可能减少事故。反之，指挥不当，或根本没有采取正确的救援措施等，都会导致事故的扩大化，从而造成严重后果。

（4）安全意识差。监督管理做到位，员工技术成熟，做到这些还不能完全保证动火作业的顺利完成。其中，操作人员和管理人员的安全意识也很重要，这主要体现在一个企业的教育宣传和企业文化上。做事严格，一丝不苟，不放过任何差错，严谨的态度才能确保生产安全进行。如果上至管理层，下至员工都态度散漫，做事马马虎虎，不把安全二字时刻放在心中的话，就算监督再严格也总会有漏洞，终有一天会造成无法挽回的事故。

（二）动火级别

根据动火部位爆炸危险区域的危险程度及影响范围和单位的管理权限，长输管道动火作业分为以下 3 级：

（1）一级动火作业。它系指在 ϕ273mm 及以上管径的输油气管道干线和输油气站场管道上的动火，和在 500m^3 以上运行原油储罐及其附件上的动火作业。

（2）二级动火作业。它系指在 ϕ273mm 以下管径的输油气管道和 500m^3 以下运行原油储罐及其附件上的动火作业，以及输油站内设备及管道上采取置换或清洗、吹扫等措施动火。

（3）三级动火作业。它系指在输油站等生产区域内非油气工艺系统的动火，和输油站等生产区域内除一、二级动火作业以外的其他动火作业。

（三）动火审批

动火作业前，由施工单位负责办理并填写工业动火申请报告书，按审批权限上报审查，批准后方可动火。

（1）一级动火由二级单位（公司、厂、处）主管生产的领导负责组织施工动火，并和动火作业单位的设计、技术、生产、安全、公安（消防）人员深入现场调查协商，制定动火措施。由施工动火单位写出动火申请报告书，经二级主管生产的领导或总工程师审查批准后上报。消防部门由油田公安处消防支队队长审批，管理局由负责生产和技术的副局长审批，并加盖相应单位的行政印章，到局安全技术处备案。

（2）二级动火由施工动火单位组织有关人员现场调查，协商、制定动火措施，填写工业动火报告书，由二级单位（公司、厂、处）安全技术部门、公司（消防）部门审查，二级单位主管领导或总工程师批准。

（3）三级工业动火，由施工单位填写工业动火报告书，制定工业动火措施；动火单位主管领导审查后，由二级单位安全技术部门审查批准。

（四）动火前、后的检查

所有准备工作完成后，应进行动火前的最后全面检查，确认各种安全措施到位后方能动火。准备动火时，施工管理人员应认真检查易燃物的清理情况，主要从以下两方面进行：

（1）通过管线扫线排出口的排出物判断清理程度。

（2）用可燃气体检测仪器检查动火点周围和管线内可燃气体的浓度。

动火结束后，也应全面检查后方能离开。

三、油气长输管道动火作业方法

在油气管道的动火施工中，由于施工安全措施涉及的因素较多，施工现场的情况又千变万化，而且施工的手段和条件也存在着差异，所以具体的施工动火方法要根据实际情况而定。在实际施工中较为常见的动火方法有带油直接动火、管道内封堵隔离动火、惰性气体置换动火等，其基本原理是"无油气"或"油气与空气隔离"后再动火。

（一）带油直接动火

带油直接动火法就是在输油管道原油满管，且未经惰性气体置换或管道未经排空和未采取有效隔离的情况下直接进行动火作业的方法。该方法适合管道腐蚀穿孔后的施焊修补。在输油生产中，管道由于腐蚀等因素而发生穿孔漏油，在修补前管道无法及时采取排空蒸洗、置换等措施，或者根本无法排空、置换，而其他的补漏方法又难以实施。为此，在输油管道停输降压后对其直接进行行动火施焊修补。但此种修补方法的前提是，必须确定管道是处在原油满管的特定情况下（管道内未进入空气）才能采用。

带油直接动火常用的有木楔堵塞、打"卡"、胶囊封堵等施焊修补方法。

(1) 木楔堵塞施焊修补。木楔堵塞施焊修补是在管道停输降压后，先用木楔把漏油孔堵死，然后带油外焊加强板。该方法一般适用于水平敷设或高差不大的输油管道，且停输后无压力或压力很小的情况。当输油管道高差较大，在停输后漏油处有一定压力显示时，应采用打"卡"施焊修补，或采用胶囊式封堵器。

(2) 打"卡"施焊修补。打"卡"施焊修补是在管道停输降压后，将一块与漏油管道曲率相同、内衬有耐油胶垫的钢板，用卡具在管道上卡紧，经检查确认不漏后再实施补焊。

(3) 胶囊式封堵。胶囊式封堵器是一种专用的管道抢修器材，适用于漏点相对较大的情况。胶囊式封堵器由胶囊和钢罩组成，胶囊放在钢罩内，钢罩链条采用丝杠顶丝的方法固定在钢管上，通过露在钢罩外的气芯充气使胶囊增压封堵漏油处，然后再把钢罩焊在管道上。

(二) 管道内封堵隔离动火

在输油输气管道上施工动火之所以比较危险是因为施工动火处存在着易燃易爆物，火源与其相遇就容易发生事故。要解决这个矛盾就要采取措施不让火源与易燃易爆物接触，这样，主要矛盾得到转化，即让"带油气动火"变成了"无油气动火"。

管道内封堵隔离动火的一般作业程序是清、堵、查、焊。

(1) 清。所谓"清"就是将动火的管道内及施工现场的易燃易爆物清理干净。"清"的措施主要有排空、水洗、水扫、吹扫、置换、擦拭等。对于原油管线，在管道停输后，先将隔离管道内的原油经开孔的放空排放口放空并做好污油的处理工作。再用扫线的方法将该动火管道的余油全部排除 (具备条件的可用蒸汽和热水冲洗管道)，然后按要求选用气动或电动隔爆型割管机进行切管，切除拆除段，再将敞口管道两端的原油、结蜡层清除干净。对于输气管线，在管道停输后，先将隔离段管道内的天然气经开孔的放空口接放空管，点火放空，再用氮气置换；切开管线的两端后，应将管线里面的凝析油擦拭干净，对含硫的天然气管线应将管壁上的硫化铁清理干净。

(2) 堵。所谓"堵"就是采取措施将易燃易爆物堵在动火点外，使其与火源隔离。"堵"的措施有关闭阀门、加装盲板、黄油墙封堵(黄油与滑石粉按一定比例混合)、黄土封堵等。以黄油墙封堵为例。施工时,在敞口管道两端分别堆砌隔离墙(呈梯形结构),"堵"住两端的来液。必须注意的是:施工所堆砌的隔离墙物料是用滑石粉与钙基黄油以3∶1的比例掺合而成,将它做成长条砖的形状,沿管轴向堆砌,并且使其夯实、严密,保护长度不小于600mm,管道敞口距隔离墙以600~800mm为宜。施工时严禁在管段上用铁器敲打和碰撞,防止隔离墙震裂漏气。当然,如在急需情况下施工现场没有滑石粉时,也可以采用经过滤后的细腻黏土替代,但也必须使所填充的黏土夯实、密封,其保护长度不小于800mm。

(3)查。查即最后用可燃气体报警器对管口进行检测,确认达到动火条件后,再对所安装的物件进行施焊作业。

(4)焊。在进行管道维护、修复或更换工作时,焊接被广泛用于封堵和隔离管道。焊接是一种将金属材料融合在一起的技术,通过加热和施加压力,使金属在接触点处融化并结合。它能够提供稳固和密封的连接,确保管道的完整性和安全性。

进行焊接前,需要对管道进行彻底的清洁和准备工作。尤其是在动火环境中,安全是最关键的考虑因素。工作人员必须确保管道表面没有任何杂物或腐蚀物,以确保焊接区域的质量和可靠性。然后,根据具体的焊接项目选择适当的焊接方法。常见的焊接方法包括电弧焊、气焊、TIG焊等。选择合适的焊接方法取决于管道材料、厚度和所需的焊接质量。

实践证明,采用隔离墙(黄油墙和细黏土墙)封堵,在充实的情况下有着很好的严密性,动火安全可靠,而且封堵物在流程切换以后,在原油的冲击下会很快松散,不会造成管道或流量计、泵等设备的堵塞,只是在某些情况下需要对过滤器进行清理。

(三)惰性气体置换动火法

惰性气体置换动火法就是当输油管道经扫线将原油排除后,用惰性气体将管道内的可燃气体混合物置换出来,使管道内的含氧量几乎为零或使其油气浓度远远低于其爆炸下限时所采取的一种动火方法。

动火前,首先关闭上下游工艺阀门,然后将管道泄压并将原油全部排出，再往充气孔中充入氮气（充气前必须对氮气瓶确认检验），当出气口经可燃气体报警器检测达到动火条件后，即可在动火点进行施工动火作业。动火时必须保证不小于 0.05 ~ 0.1 MPa 充气压力。

该方法也适用于动火管道相对较长，而且管道两端连接有阀门和容器，同时动火管道又被其他管道局限无法使用割管机切割或者没有带压开孔设备的情况。

该类动火在动火前，将管道泄压并将原油全部排出后，在管道动火点前后 1000mm 处各钻一个充气孔，孔径为 φ10mm，在距充气孔 5000mm 处再各钻一个出气孔。每段管道的保护距离为 5000mm。

四、油气长输管道动火作业安全措施

(一) 输油管道动火作业安全措施

在动火施工操作前及操作过程中应注意落实以下安全措施：

(1) 在动火前必须清理干净施工现场周围的污油，对埋地管道的施工动火，还要根据实际情况预先挖好操作坑。

(2) 在割管机切割过程中，要用冷却水对刀具进行连续冷却，防止产生切削火花和局部高温。

(3) 在动火作业过程中，监护人员应注意观察现场，每隔 5 ~ 10min 要用可燃气体报警器检测焊口及周边环境，观察有无可燃气体泄漏；如遇异常，立即停止动火。

(4) 流程控制阀要有专人监护，不允许在动火期间切换流程。

(5) 在对站内输油管道施焊前，应对动火管道的对地电阻进行测试，电阻值 $R<100\Omega$。接地线与动火管道采用卡点固定法固定。

(6) 特种作业人员（焊工）在动火时，应穿戴防火服，佩戴防护面具；在修口作业（修整管道的端口，以使焊口对接准确）时，身体应避开管口，以防发生烧伤事故。

(7) 严禁在管段上用铁器敲打和碰撞，防止隔离墙震裂失效。

(8) 动火施工的管道堆砌隔离墙后，应一次完成动火作业。

(9) 应准备好充足的氮气，氮气掩护压力不低于 0.1MPa，并应有专人负

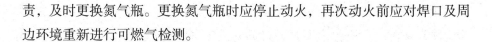

责，及时更换氮气瓶。更换氮气瓶时应停止动火，再次动火前应对焊口及周边环境重新进行可燃气检测。

（二）输气管道动火作业安全措施

输气管道在动火施工操作前及操作过程中应注意落实以下安全措施：

（1）泄压放空时，天然气放空应先点火后开气，放空位置设置在动火点下风向。当采用多点放空时，处于低洼处的设备管道先放完，高处的放空点后放完，放空点距离动火点不小于30m。

（2）吹扫置换时，动火管线、设备的置换，只能用蒸汽、氮气等惰性气体，不能用空气。用蒸汽吹扫置换时，加热吹扫流速不大于5m/s，应不间断补充蒸汽，防止因负压（蒸汽冷凝成水造成负压）吸入空气形成爆炸性混合气体。气体检测点严格按动火方案执行，无缺项、漏项，气体检测置换数据记录清晰。可燃气体浓度低于爆炸下限的10%（体积分数），方为合格。

（3）切断时，与动火点相连的工艺管线、排污管线、电器仪表等全部断开。断开处可能因移动、滑动、坠落而造成搭接的，应采取固定措施。动火方案要求关断的阀门应上锁挂牌，防止误动。为防止静电、杂散电流，法兰卡开处用阻燃材料（石棉板或橡胶板）进行有效隔离，固定可靠。

（4）隔离时，隔离措施设施选用不燃或难燃材料；隔离措施到位，能防止动火作业环境天然气、凝析油等危险物质的流动、扩散，及气割、电焊作业时火花、焊渣的飞溅；涉及储罐区动火，拟实施动火作业的储罐要与相邻储罐进行有效隔离。

（5）封堵时的要求如下：①已断开的工艺管线封堵可靠。②距离动火点30m内所有的漏斗、排水口、各类井口、排气管、管道、地沟等封严盖实。③油气储罐液压安全阀、机械呼吸阀、量油孔、透光孔、空气泡沫产生器及腐蚀穿孔等封堵措施可靠。④工艺管线动火点两侧防止物料泄漏的封堵措施可靠。⑤同一罐区内的排水渠、地面管带空隙、防火堤工艺管线穿孔等部位封堵可靠。⑥采用惰性气体封堵时，动火点如在管道容器下凹处，应采用比可燃气体重的惰性气体；动火点如在管道容器上凸处，应采用比可燃气体轻的惰性气体。⑦采用胶球封堵时，胶球与动火点之间保持3~5m的距离。⑧采用膨润土封堵时，管道内压力不得超过30kPa。管道内的有效填充长度不少于 3 倍管径，最短不少于 300mm。已封堵的管段不得人为捶击。⑨采用干冰封堵时，管道管径不大于 250mm，封堵长度不小于 300mm，与动火点的距离不小于 600mm。

总之，输油输气管道的施工动火危险性虽然较大，但只要以科学、严谨的态度对待，方法得当、措施到位，就能确保动火施工全过程的安全。

第五节　油气长输管道安全管理

一、油气长输管道的运营管理

国内长距离输油、输气管道的规划和建设均由国务院有关部门进行审查和批准。中石油、中石化和中海油等集团公司均设有专门的管道管理企业，负责油气管道的运行和管理工作。目前，国内管道企业主要有中石油所属的中国石油天然气管道局、四川石油局所属的输气处、中石化所属的中国石化管道储运公司、中海油所属的中海石油天然气及发电有限责任公司等。中国石油天然气管道局下设东北输油管理局、西北管道建设指挥部、北京天然气集输公司、中原输气公司、塔里木输油气股份公司、秦皇岛输油公司、北京输油公司等输油气单位，管理着遍布 13 个省（市）的输油气管道。中石油集团四川石油管理局下设的输气处，管理着四川盆地内的天然气管道。中国石化管道储运公司下设输油管理处，管理其旗下在全国各地的输油管道。

国内的油气长输管道由于建设、运行的历史短，其安全监察工作起步晚，安全监察机构、体制建立较晚，多年来长输管道一直处于部门各自管理的局面，没有统一的管理。鉴于长输管道在经济、社会生活中特殊的重要性，在国内开展其安全监察是完全必要的。其安全管理应依法治理，通过强制性的国家监察，将其作为特种设备对待，并指定专门的机构负责其安全监察工作。

由于长输管道穿越的地域范围大、涉及的行政区域多、技术难度大，如果同时由几个地方的质量技术监督部门进行管理和监察，难以协调统一，因此只好由国家市场监督管理总局直接负责管理和监察。另外，与锅炉压力容器相比，国内的压力管道安全监察尚未形成一个完善的法规体系。根据国内

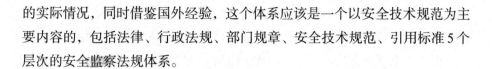

的实际情况，同时借鉴国外经验，这个体系应该是一个以安全技术规范为主要内容的，包括法律、行政法规、部门规章、安全技术规范、引用标准5个层次的安全监察法规体系。

二、油气长输管道的安全管理

总结50余年国内油气长输管道的运行管理经验，分析多发事故的发生原因，吸取事故教训，遵循安全科学的一般原理，应着重从以下4个方面做好油气长输管道的安全管理工作。

(一)建立应急预案体系

油气长输管道从设计之初就应该避开地壳活动较为剧烈的地区，从而避免在日后的运营过程中可能遭受地震等自然灾害的破坏。但自然灾害具有不可预见性，这就要求管输企业要预先制定科学、完备的应急预案体系。建立应急预案体系要遵循科学实用、快速高效、操作性强的原则，在事故发生的第一时间上报情况并迅速启动应急预案。

(二)加强施工质量管理

施工现场的安装和设备操作不当最容易导致管道发生泄漏。在管道施工建设过程中，普遍存在管道质量不过关、违章施工、违章指挥等安全隐患问题。施工方、工程监理方和管输企业方应按照管道施工作业技术规程和标准，严把施工作业过程质量关，明确各级管理者的责任，对施工现场作业人员严格进行技术培训，保证具备相应的操作技能，做到持证上岗；做到"五个从严"，即从严审核施工技术方案策划，从严把好施工作业过程的运行监视控制(尤其要关注焊接过程每道工序的检测质量关)，从严进行施工作业结束后的检测和测量程序，从严纠正和整改施工过程中不符合工程质量要求的问题，坚持对管道施工质量实行终身责任追究制。

(三)强化运行安全管理，严控第三方破坏

近些年，以"打孔盗油"为主的由第三方破坏所造成的管道泄漏事故居高不下，企业遭受了巨大的经济损失，同时周边环境被污染。石油化工企业

的生产作业队大多处于偏僻的野外乡村，油气长输管道铺设途经的地段往往是经济欠发达地区，当地居民收入普遍偏低，法律及公共财产保护意识薄弱，再加上个别地方执法不严，造成了偷窃油气、破坏管道行为屡禁不止。

为此，管输企业应首先加强针对输油管线周边群众的普法教育，与地方政府建立长效的合作和协商沟通机制，通过实施帮贫解困项目等措施，解决地方经济发展问题；其次，应提高油气管道的泄漏探测技术，通过强化管道巡线、在管道集输系统安装检测和报警装置等措施，实现对管道的全时段实时动态监控；再次，对于管道警示标识不清晰的地段要及时采取相应措施，及时发现和制止在管道上方的各类违章施工行为；最后，与公安执法部门密切配合，加大监察和执法力度，严厉打击偷窃、破坏国家财产的违法行为。

(四) 落实动火作业管理制度

国内的部分输油管道已到设计寿命的后期，管道维修作业和管道泄漏后的抢修作业不可避免。需要从管道泄漏抢修及管道动火管理等方面落实安全管理措施，防止二次事故的发生及事故扩大化。

参考文献

[1] 李杨，高立斌，刘亮.油气田工程与资源开采利用 [M].汕头：汕头大学出版社，2023.

[2] 刘先贵，汤晓勇，向建华.页岩气气藏工程及采气工艺技术进展 [M].北京：石油工业出版社，2023.

[3] 马辉运，叶长青，杨健，等.有水气藏排水采气工艺技术 [M].北京：石油工业出版社，2023.

[4] 朱庆忠，杨延辉，刘忠，等.沁水盆地煤层气水平井开采技术及实践 (2008-2020) [M].北京：石油工业出版社，2023.

[5] 何云，吴伟然.大牛地气田排水采气工艺技术 [M].北京：中国石化出版社，2019.

[6] 印兴耀.页岩油气地球物理预测理论与方法 [M].北京：石油工业出版社，2021.

[7] 于荣泽，张晓伟，高金亮.Barnett 页岩气藏开发特征 [M].北京：石油工业出版社，2023.

[8] 洪毅，郭宏，闫嘉钰.水下生产系统关键技术及设备 [M].上海：上海科学技术出版社，2021.

[9] 卢锦华，贾明畅.天然气处理与加工 [M].北京：石油工业出版社，2019.

[10] 周海军.青宁输气管道工程 EPC 联合体建设模式实践与成果 [M].南京：东南大学出版社，2020.

[11] 申得济.油气管道第三方施工预防预警技术研究与实践 [M].东营：中国石油大学出版社，2022.

[12] 詹胜文，王学军，刘广仁，等.特长距离高水压油气管道盾构隧道设计与施工 [M].北京：中国石化出版社，2022.

[13] 油气管道工程施工质量管理技术编委会.油气管道工程施工质量管理技术 [M].北京：石油工业出版社，2023.

[14] 方世跃，姚正学，杨军.油气长输管道地质灾害滑坡崩塌和塌陷 [M].徐州：中国矿业大学出版社，2022.

[15] 曲国辉，江楠，王东琪，等.非常规油气开发理论与开采技术 [M].北京：石油工业出版社，2022.

[16] 中国石油天然气集团有限公司人事部.石油钻井工 [M].东营：中国石油大学出版社，2019.

[17] 谢丛姣.石油开发地质学 [M].武汉：中国地质大学出版社，2023.

[18] 余传谋.薄互层油藏高效开发技术与应用 [M].北京：北京理工大学出版社，2020.

[19] 卢惠东.断块油藏开发技术 [M].徐州：中国矿业大学出版社，2021.

[20] 李莉，穆朗枫，周锡生，等.低渗透油藏开发理论与应用 [M].北京：石油工业出版社，2023.